NOTES

TOUR	TOUR		EAT	EAT	SHOPPING	SHOPPING		CHECK	CHECK
TOUR	TOUR		EAT	EAT	SHOPPING	SHOPPING		CHECK	CHECK

MY TRAVEL PLAN

✈

Day 1

Day 2

Day 3

Day 4

Day 5

TRAVEL PACKING CHECKLIST

Item	Check	Item	Check
여권	☐		☐
항공권	☐		☐
여권 복사본	☐		☐
여권 사진	☐		☐
호텔 바우처	☐		☐
현금, 신용카드	☐		☐
여행자 보험	☐		☐
필기도구	☐		☐
세면도구	☐		☐
화장품	☐		☐
상비약	☐		☐
휴지, 물티슈	☐		☐
수건	☐		☐
카메라	☐		☐
전원 콘센트 · 변환 플러그	☐		☐
일회용 팩	☐		☐
주머니	☐		☐
우산	☐		☐
기타	☐		☐

Memo.

지금, 훗카이도

삿포로
오타루
후라노

지금, 홋카이도

지은이 윤가영
펴낸이 임상진
펴낸곳 플래닝북스

초판 1쇄 발행 2017년 7월 20일
초판 3쇄 발행 2018년 8월 30일

2판 1쇄 발행 2018년 10월 15일
2판 3쇄 발행 2019년 2월 25일

출판신고 1992년 4월 3일 제311-2002-2호
10880 경기도 파주시 지목로 5(신촌동)
Tel (02)330-5500 Fax (02)330-5555

ISBN 979-11-6165-500-0 13980

이 도서의 국립중앙도서관 출판예정도서목록(CIP)은
서지정보유통지원시스템 홈페이지(http://eoji.nl.go.kr)와
국가자료공동목록시스템(http://www.nl.go.kr/
kolisnet)에서 이용하실 수 있습니다.
(CIP제어번호 : CIP2018031676)

www.nexusbook.com

나만의 맞춤 여행을 위한
완벽 가이드북 11

지금, 훗카이도

윤가영 지음

Hokkaido 삿포로·오타루
후라노

플래닝
북스

우리나라에서 가장 먼 일본, 홋카이도.

그렇다 해도 서울에서 3시간 남짓 걸리지만 직항으로는 일본의 어떤 지역보다 비행 시간으로 가장 먼 여행지다. 그 거리만큼이나 나에게도 도쿄, 오사카와 같은 다른 도시보다 심리적으로 멀게 느껴지는 미지의 땅, 북쪽 나라였다.

평소 여행지에 닿았을 때의 첫 느낌을 오래 간직하는 편이기 때문에 수년 전 홋카이 도와 처음 만났던 순간의 기억이 아직도 잊혀지지 않는다. 가만히 있어도 땀이 뻘뻘 나던 7월의 어느 여름날 떠났던 삿포로의 모습은 습하거나 찌는 듯한 더위가 없는 선선한 이미지였고, 후라노와 비에이의 라벤더밭은 보랏빛이 절정에 이르러 그림 같은 풍경을 선물해 주었다.

그 강렬했던 첫 인상에 매료돼 두 번째로는 야생의 자연이 있는 도동 지역 렌터카 여 행에 도전했고, 얼마 가지 않아 엄마와 단 둘이 설국의 료칸 여행을 떠나기도 했다. 갈 때마다 새롭고 깊이가 더해 가는 홋카이도 여행에 푹 빠져 한 번은 귀국 항공을 연장해 한 달간 머무른 적도 있다. 그리고 그 많은 시간을 보냈음에도 불구하고 지 난 4월, 마지막 취재를 위해 떠났던 여행에서도 이제껏 경험하지 못했던 소중한 추 억을 남길 수 있었음에 새삼 놀라기도 했다.

당분간은 멀리 해도 좋을 것 같은 홋카이도였는데, 약 10개월간 진행된 출간 작업 을 통해 지난 여행에서 미처 알지 못했던 새로운 점을 계속 발견할 수 있었고, 몇 해 전 일본 정부 관광국 JNTO에서 진행한 'Japan, Endless Discovery'(일본, 끝없는

발견) 슬로건은 홋카이도 여행을 말하는 것이 아닐까 하는 생각이 들었다. 함께하는 여행 파트너에 따라, 때로는 혼자일 때, 나에게 매번 새로운 느낌을 주었기에 아무래도 출간 이후에도 홋카이도 여행은 계속될 것 같은 기분이 든다.

무엇보다 여행을 계획하는 순간부터 이미 여행이 시작됐다고 생각하는 사람으로서 이 책을 손에 들고 혼자, 또는 파트너와 함께 이미 여행을 시작한 독자들이 조금 더 쉽고, 불안감 없이 홋카이도 여행을 준비할 수 있었으면 하는 바람이다.

마지막으로, 넥서스와의 첫 작업이라 설렘과 기대로 시작했지만 많이 늦어진 스케줄에도 묵묵히 기다려 주신 넥서스 정효진 과장님, 부족한 나에게 많은 도움을 주신 여행 작가 정태관님, 홋카이도 전문가 이덕환님, 미처 담아 오지 못한 사진을 아낌없이 제공해 주신 파워블로거 타미리(tommylee.co.kr) 님 그리고 나의 평생 친구이자 여행 짝꿍 알콩 님께 감사의 말을 전하고 싶다.

윤가영

하이라이트

홋카이도의 역사부터 홋카이도에서 보고, 먹고, 즐겨야 할 것까지 모두 모았다. 홋카이도의 매력 포인트를 하나하나 확인하면서 홋카이도를 미리 여행하는 기분을 만끽해 보자.

추천 코스

지금 누구와 떠나든 모두를 만족시킬 수 있는 여행 코스를 제시했다. 자신의 여행 스타일에 맞는 코스를 골라 따라하기만 해도 만족도, 편안함도 두 배가 될 것이다.

지역 여행

지금 여행 트렌드에 맞춰 홋카이도를 크게 9개의 지역으로 나눠 지역별 핵심 코스와 관광지를 소개했다. 코스별로 여행을 하다가 한 곳에 좀 더 머물고 싶거나 혹은 그냥 지나치고 다른 곳을 찾고 싶다면 지역별 소개를 천천히 살펴보자.

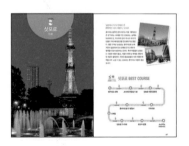

지도 보기 각 지역의 수요 관광지와 맛집, 숙소 등을 표시해 두었다. 종이 지도의 한계를 넘어서, 디지털의 편리함을 이용하고자 하는 사람은 해당 지도 옆 QR 코드를 활용하자.

팁 활용하기 직접 다녀온 사람만이 충고해 줄 수 있고, 여러 번 다녀온 사람만이 말해 줄 수 있는 알짜배기 노하우를 담았다.

추천 숙소

홋카이도에는 편리하고 깔끔한 호텔부터 머물기만 해도 여행이 되는 료칸까지 다양한 종류의 숙소가 있다. 더불어 각 지역에서 숙소를 선정하는 좋은 팁과 숙소 선택 시 유의해야 할 점들까지 모두 담았다.

트래블 팁

홋카이도 여행 정보뿐 아니라 홋카이도로 들어가는 항공편, 홋카이도의 교통 패스, 공항 입출국과 신치토세 공항만의 특별한 부대시설, 여행 회화까지 홋카이도 여행의 처음부터 끝까지 필요한 노하우를 담았다.

지도 및 본문에서 사용된 아이콘

📷 관광 명소	🛍 쇼핑	🍴 식당	☕ 카페
온천	🍀 공원	🏛 박물관	📍 랜드마크
🅗 호텔	🏛 교회, 성당	🎪 시장	⛩ 신사
🚃 JR 노선	지하철	🚋 노면 전차	🚌 버스

contents

Hokkaido

하이라이트 *,*

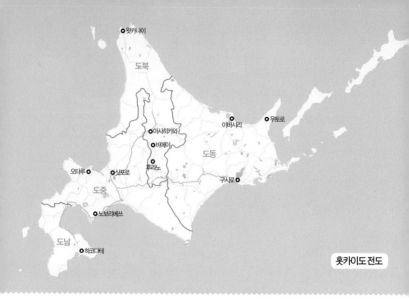

홋카이도 전도

홋카이도 히스토리

한자음인 '북해도'로도 잘 알려진 홋카이도는 일본을 이루고 있는 네 개의 섬 중 가장 북쪽에 있다. 러시아 사할린 최남단에서 홋카이도 최 북단인 왓카나이까지는 불과 43km로, 러시아와도 가깝고 위도상으 로는 백두산보다 북쪽인 북위 43°04′00″에 있다. 일본 본섬에서 멀리 떨어져 있는 홋카이도가 일본에 속하게 된 것은 1868년 메이지 유신 이후 개척사가 설치되면서부터다. 홋카이도가 개발되면서 원 주민인 아이누 족은 강제 이주, 노동 착취 등 미국의 인디언과 비슷한 처지가 됐다. 현재 홋카이도를 여행하면서 원주민을 볼 수 있 는 곳은 일부 관광지에서뿐이다. 일본인들이 홋카이도에 이 주하면서 농업, 낙농업 중심의 산업이 발달하기 시작해 일 본 전체에서 경작이 가능한 땅의 1/4이 홋카이도에 있다. 1972년 동계올림픽 개최로 항공과 철도 등 관광 인프라가 갖추어진 이후 관광 산업이 크게 발달해 일본 내국인과 외 국인 관광객이 연간 600만 명 이상 방문하고 있다. 최근 우리나라뿐 아니라 중국, 호주에서 오는 여행객들이 크 게 늘어나기는 했지만 홋카이도를 찾는 관광객 600만 명 중 15만 명 정도만 외국관광객이고, 여전히 홋카이 도에 대한 로망을 가지고 있는 일본 현지인들의 수요가 많다.

날씨

서안 해양성 기후와 온난 습윤 기후의 홋카이도 남부 일부 지역을 제외하면, 우리나라 동해와 맞닿은 지역은 냉대 습윤 기후, 태평양과 맞닿은 지역은 온난 동계 소우 기후, 홋카이도의 내륙부는 냉대 습윤 기후다. 홋카이도는 전체적으로 우리나라보다 봄은 1~2개월 늦게 찾아오고, 가을과 겨울은 1~2개월 빨리 온다. 삿포로를 기준으로, 벚꽃 개화 시기는 5월 초고, 단풍 시즌은 10월 중순, 12월부터는 눈이 쌓이기 시작해 4월까지도 눈이 남아 있는 곳이 있다.

	1월	2월	3월	4월	5월	6월	7월	8월	9월	10월	11월	12월
최저 기온(℃)	−12.3	−12.8	−6.1	−0.1	5.7	11.3	15.0	17.4	11.8	4.5	−1.4	−8.3
최고 기온(℃)	−0.6	0.1	4.0	11.5	17.3	21.5	24.9	26.4	22.4	16.2	8.5	2.1
강수량(mm)	113.6	94.0	77.8	56.8	53.1	46.8	81.0	123.8	135.2	108.7	104.1	111.7
적설량 합계(cm)	173	147	98	11	–	–	–	–	–	2	32	132

〈1981~2010 평균 자료, 출처 삿포로 기상대〉

축제, 이벤트 🎆

❄️ 삿포로, 오타루

삿포로 여름 축제 さっぽろ夏まつり [삿포로 나츠 마츠리]
개최 시기 : 7월 중순부터 8월 중순까지

겨울의 짧은 눈 축제와 달리 약 1개월간 이어지는 여름 축제 때는 오도리 공원에 일본 최대 규모의 맥주 가든이 조성되고, 일본의 추석인 오봉 기간인 축제 막바지에는 매일 저녁 시내에서 퍼레이드가 펼쳐진다. 최근에는 오도리 공원뿐 아니라 JR 홋카이도 역 앞 광장에도 비어 가든이 조성되고 있으며, 8월 중순 여름 축제가 끝나고 9월 1일부터는 가을 축제(오텀페스트)가 개최돼 9월 말까지 비어 가든에서 홋카이도의 신선한 맥주와 음식을 즐길 수 있다.

삿포로 눈 축제 さっぽろ雪まつり [삿포로 유키 마츠리]
개최 시기 : 2월 둘째 주

브라질의 리우 카니발, 독일의 옥토버페스트와 함께 세계 3대 축제로 꼽히며, 중국의 하얼빈 빙등제와 함께 세계적인 겨울 축제로 불린다. 1950년 오도리 공원에 중·고등학생이 만든 얼음 조각 6점을 전시하면서 시작됐으며, 현재는 250여 점의 눈 조각이 설치되며 오도리 공원과 스스키노, 쓰도무 3개의 회장으로 운영되고 있다. 오도리 공원 회장은 메인 회장으로, 눈 축제의 하이라이트인 초대형 눈 조각이 설치되고, 스스키노 회장에는 얼음 조각이 전시된다. 삿포로 시내에서 지하철로 이동하는 쓰도무 회장에는 눈으로 만든 미끄럼틀 등 즐길 거리도 함께 설치된다.

오타루 눈빛의 길 小樽雪あかりの路 [오타루 유키아카리노 미치]
개최 시기 : 2월 둘째 주

삿포로 눈 축제 기간과 비슷한 시기에 오타루에서 열리는 축제로, 1999년부터 오타루 시민과 자원봉사자들에 의해 자발적으로 이루어지고 있는 행사다. 눈과 얼음으로 만든 공간을 촛불로 밝히고, 낚시 기구로 사용되던 유리 부표에도 촛불을 넣고 운하에 띄운다. 홋카이도의 하얀 눈과 촛불이 밝혀지는 낭만적인 이벤트다.

> ❄ **후라노**

그레이트 어스 후라노 라이드 Great Earth Furano Ride [구레이토 아-스 후라노 라이도]
개최 시기 : 6월 말

매년 6월 말 후라노 일대에서 펼쳐지는 사이클링 이벤트로, 홋카이도의 사이클링 이벤트 중 가장 큰 규모를 자랑한다. 초심자도 참가할 수 있는 55km, 중급자를 위한 85km, 상급자를 위한 115km로 진행되며 비경쟁 이벤트이기 때문에 중간중간 후라노의 아름다운 풍경을 감상하며 라이딩을 즐길 수 있다.

배꼽 축제 へそ祭り [헤소 마츠리]
개최 시기 : 매년 7월 28~29일

홋카이도의 지리적 중심인 후라노에서 매년 7월 말
에 개최되는 이벤트다. 후라노가 홋카이도의 중심
이듯 인체의 중심이 배꼽이다는 이미지로, 1969
년부터 시작했다. 주말이 아닌 평일에도 열리기
때문에 날짜를 변경하자는 이야기도 있었지만,
약 50년간 개최되면서 행사 직전 비가 조금 온 경우는 있어도 본격적인 행사
가 있을 때는 비가 한 번도 온 적 없는 좋은 날이라는 의견으로 날짜는 변경되지 않고 있다.

❄ 하코다테

하코다테 항구 축제 函館港まつり [하코다테 미나토 마츠리]
개최 시기 : 8월 1~5일

시가지의 1/3이 화재로 소실됐던 1934년 대화재로 타격을 입은 시
민들을 격려하고, 개항 77주년을 기념해 1935년부터 시작된 축
제다. 5일 동안 이어지는 이 축제는 홋카이도 최대 규모의 불꽃놀
이로 시작된다. 축제 기간 중 다양한 테마의 퍼레이드가 시내 곳
곳에서 펼쳐지며, 하코다테 그린 플라자 주변으로 음식점과 하코
다테 맥주를 판매하는 노점들이 설치된다.

하코다테 크리스마스 판타지 はこだてクリスマスファンタジー [하코다테 쿠리스마스 환타지-]
개최 시기 : 12월 1~25일

매년 12월 1~25일까지 하코다테의 자매 도시인 캐나다 핼리팩스 시에서 보내온 높이 20m
의 대형 크리스마스 트리가 베이에리어의 바다 위에 설치된다. 매일 저녁 6시부터 12시까지
색을 바꿔 가며 트리가 점등되며, 가네모리 창고 주변으로는 간이 음식점들이 생긴다. 12월
25일 이후 크리스마스 이벤트는 끝나지만 하코다테 일루미네이션, 고료카쿠의 별 모양 조명
이벤트 등은 2월까지 이어진다.

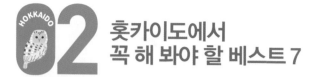

02 홋카이도에서 꼭 해 봐야 할 베스트 7

Best 온천 료칸 여행하기

일본 여행에 있어 '온천'은 남녀노소를 불문하고 누구나 좋아하는 여행 테마로 인기를 얻고 있다. 여행 중의 피로를 말끔히 풀어 준다는 단순한 이유도 있겠지만, 정원이나 숲에 둘러싸여 또는 밤하늘 별을 바라보며 프라이빗한 노천 온천을 즐기기란 우리나라에서는 쉽게 경험하기 어려운 일이기 때문일지도 모른다. 특히 일본에만 있는 숙박 시설 '료칸'은 온천지에 위치하는 경우가 많은데, 단순한 숙박의 개념을 넘어 전통 의상인 유카타를 입고 일본식 정찬 요리인 가이세키 코스를 맛보며, 일본만의 차별화된 진심 어린 서비스 '오모테나시'를 누릴 수 있다는 점에서 일본인들이 가진 문화를 하룻밤에 체험 가능한 호사로운 시설이라 할 수 있다. 숙박 가격은 호텔의 몇 배가 되기도 하지만 정성을 담은 요리와 온천, 극진한 서비스를 실제로 경험해 보면 료칸이 터무니없이 비싸다는 생각은 사라질 것이다. 홋카이도에도 여러 유명한 온천지가 있기 때문에 시간적, 금전적 여유가 있다면 하루쯤 온천 료칸에서 숙박해 보기 바란다.

📱 홋카이도 온천지 Best 3

❶ 노보리베쓰 온천 登別温泉

홋카이도를 대표하는 인기 온천지로, 뽀얀 유황 온천과 연기 자욱한 지옥 계곡, 대규모 호텔식 온천 료칸들이 많은 것이 특징이다. 가격대는 1인 1박에 1~4만 엔대까지 다양해서 선택의 폭이 넓다.

❷ 조잔케이 온천 定山渓温泉

삿포로에서 1시간도 채 걸리지 않는 근교 지역으로, 산과 계곡이 있는 작은 온천 마을이다. 풍부한 용출량과 삿포로 시내와 가까운 위치가 가장 큰 매력으로, 노보리베쓰까지 이동하기 어려운 여행자에게 추천한다.

❸ 도야 호수 온천 洞爺湖温泉

화산 활동으로 함몰돼 생성된 광활한 도야 호수 호반에 위치한 온천지로, 아름다운 호수를 바라보며 즐기는 온천욕이 포인트다. 특히 4월 말에서 10월 말까지는 매일 밤 불꽃놀이를 열어 즐거움을 더해 준다.

★ 온천 이용 Tip

❶ 온천 시설의 종류

대욕장 大浴場 [다이요쿠죠] · **실내탕** 内風呂 [우치부로]

우리나라 사우나처럼 샤워 시설이 있고, 타일 또는 히노키 나무로 된 넓은 욕조가 있는 공동 실내 온천 시설로, 노천탕과 연결돼 있는 경우도 있다.

전세탕 貸切風呂 [카시키리부로] · **가족탕** 家族風呂 [카조쿠부로]

친구나 커플, 가족 또는 홀로 이용할 수 있는 온천 시설로, 일반적으로 1회에 약 40~50분 정도 이용할 수 있다. 료칸에 따라 유료(1회 1,000~3,000엔)로 제공하는 경우도 있다.

노천탕 露天風呂 [로텐부로]

실내탕과는 다르게 자연이나 정원, 하늘을 바라보며 즐길 수 있는 온천 시설이며, 전면이 개방된 타입도 있지만 둘레는 칸막이로 가려져 있고 하늘만 뚫려 있거나 하늘은 비를 피할 용도로 판자나 나무로 막아 두고 옆면이 뚫려 있는 등 반노천탕도 통틀어 노천탕이라 부른다.

❷ 온천의 효능

일본에는 '탕치유'라는 말이 있을 만큼 온천이 가진 다양한 효능으로 병을 치료하는 경우도 있다. 일반적으로는 온열 효과로 입욕을 하면 체온을 높여 신진대사를 활발하게 하고 피부가 좋아지는 효과를 볼 수 있는데, 각각의 온천수가 가진 수질에 따라 그 효능도 달라진다.

온천 수질	특징과 효능
단순천 単純泉	온천수 1L에 1g 미만의 함유 성분을 가진 25℃ 이상의 온천수를 말한다. 무색, 무취, 투명한 온천으로 함유 성분이 약하기 때문에 일반적으로 자극이 적고 누구에게나 잘 맞아 신경통, 근육통, 냉증, 피로 회복에 좋다.
이산화탄소천 二酸化炭素泉	무색투명한 작은 탄산 가스 기포가 피부에 일어나는 온천수로 모세 혈관을 확장시켜 혈행 개선에 도움을 주고 보습 효과가 좋다. 고혈압, 동맥 경화, 베인 상처에도 좋다.
탄산수소염천 炭酸水素塩泉	알칼리성 온천으로, 피부 미용에 특히 효과가 좋아 입욕 후에 피부가 촉촉하고 매끄러워진다. 만성 피부병, 베인 상처, 화상 등에 효과가 있다.
염화물천 塩化物泉	염분이 주성분이라 마시면 바닷물처럼 짜다. 만성 피부병, 만성 부인병, 냉증, 피부 건조증에 효과가 좋다.
유황천 硫黄泉	유화 수소 가스가 함유된 온천수로, 우유처럼 백탁한 색과 계란이 부패한 듯한 냄새가 특징이다. 아토피 피부염, 만성 피부병, 만성 부인병, 고혈압 등에 좋다.
함철천 含鉄泉	온천수 1L에 철 이온이 20mg 이상 함유된 것으로, 용출 시 공기에 닿은 철이 산화돼 붉은 갈색을 띠는 것이 특징이다. 월경 장애나 갱년기 장애 등 여성에게 효과가 좋다.

❸ 올바른 입욕 방법

❶ 공동으로 사용하는 대욕장, 노천탕은 모두 탈의실을 구비하고 있다. 탈의한 옷은 비치된 바구니에 담아 두되, 귀중품은 개인이 책임지고 관리해야 한다.

❷ 탕 안에 들어가기 전에 샤워를 하고 입욕한다. 방송이나 잡지와 같은 매체에서 수건을 두르거나 옷을 입고 탕에 들어가는 것은 모두 사전에 허락을 받은 촬영용이며, 실제로는 우리나라 사우나탕을 이용하듯 탈의 후 입욕한다.

❸ 온천욕은 료칸에 머무는 동안 체크인 후 바로, 저녁 식사를 즐긴 후, 아침 식사 전 총 3회 정도 하는 것이 좋고, 1회에 약 20~40분 정도가 적당하다.

❹ 탕 안에서는 다른 사람을 배려해 큰 소리로 이야기하거나 물이 튀지 않도록 주의한다.

❺ 온천욕 후에는 수시로 수분을 공급해 몸을 안정시킨다.

Best
렌터카 여행하기

천혜의 자연으로 둘러싸인 드넓은 홋카이도. 삿포로나 오타루, 하코다테와 같은 시가지 산책 정도의 일정이라면 열차 이동으로 충분하지만, 이 외의 지역을 이동하는 자유 여행에는 렌터카 이용을 추천한다. 시원한 해안가와 칼데라 호숫가를 드라이브하거나 끝없이 펼쳐지는 초원을 만끽하며 신나게 질주할 수 있고, 몇 번이고 환승이 필요해 대중교통으로는 찾기 어려운 관광지나 숨은 맛집도 도전할 수 있다. 열차나 버스 시간에 맞추어 대기하거나 환승하며 버려지는 시간도 단축시킬 수 있고 어린 아이들과 함께하는 가족 여행에도 편리하다.

★ 홋카이도 렌터카 여행 Tip

❶ 국제 운전면허증 발급

운전면허 시험장 또는 경찰서에서 발급. 소요 시간은 10~30분 정도며 여권, 여권 사진, 운전면허증을 지참해야 한다. 발급 수수료는 8,500원이며 유효 기간은 발급받은 날로부터 1년이다.

❷ 겨울 눈길 운전에 대비

12~3월까지의 겨울철 눈길에는 이동 시간이 평소의 2배가 소요되거나 폭설로 사고가 나는 경우가 많다. 타이어에 스노우 체인을 장착하거나 스터드리스 타이어(Studless Tire) 차량으로 대여하더라도 홋카이도의 폭설에는 감당할 수 없으니 경험자가 아니면 추천하지 않는다.

❸ 하이브리드 차량 대여하기

장거리 여행을 계획했다면 렌트비가 비싸더라도 하이브리드 차량을 대여하는 것이 좋다. 나중에

발생하는 주유비를 생각하면 하이브리드 차량을 선택하는 것이 더 저렴한 경우가 많다. 또 시골로 들어갈수록 주유소 만나기가 어려우니 부족하다 싶으면 미리미리 채워 넣는 것이 필요하다.

일본 렌터카 예약 사이트(한국어)
토요타 렌터카 rent.toyota.co.jp
닛폰 렌터카 www.nrgroup-global.com
타비라이 kr.tabirai.net

⭐ 홋카이도 드라이브 명소

❶ 오로롱 라인 オロロンライン

홋카이도 중앙에서 도북 지역을 향한 동해 측 해안에 이어진 도로로, 홋카이도 해안가 드라이브 코스 중 손에 꼽히는 명소다. 국도 231호선과 232호선으로 구성되며 오타루에서 왓카나이까지 약 300km에 걸쳐 있다. 해가 바다로 떨어지는 아름다운 석양의 모습을 바라볼 수 있는 황금곶黃金岬도 놓치지 말자.

황금곶 黃金岬
주소 留萌市大町 2 丁目 **맵코드** 416 390 418*88

오로롱라인　왓카나이

미네하마
진입로
←샤리 방면　시작점

하늘로 이어진

황금곶

롤러코스터의 길

비호로 고개

오타루

비에이↑방면

후라노 방면
↓

굿샤로 호수→

★ 비호로 고개
전망대

❷ 하늘로 이어진 길 天に続く道 [텐니츠즈쿠미치]

시레토코 우토로 방면에서 샤리 쪽으로 향하는 직선 도로로, 마치 하늘을 향해 끝없이 뻗어 있는 것처럼 보여서 이름 지어졌다. 반대 방향에서 오면 이러한 풍경과 마주할 수 없기 때문에 반드시 샤리 방향으로 가야 한다. 시레토코 국도 334번 우토로에서 샤리로 가다가 미네하마에서 좌회전해 언덕을 오르다 보면 막다른 길에 접하게 되는데 그때 우회전하면 바로 이 길에 접하게 된다. 겨울철에는 제설이 되지 않기 때문에 통행이 불가능하며, 해가 질 시간이 가장 아름답다.

맵코드 642 561 453

❸ 롤러코스터의 길 ジェットコースターの路 [젯토코스타노미치]

비에이와 후라노 중간 즈음, 후라노 국도 237번 바로 옆으로 이어지는 약 3km 길이의 도로로, 급한 경사의 업·다운이 2~3차례 거듭돼 롤러코스터를 타는 기분이 든다. 양옆으로 펼쳐지는 후라노의 아름다운 풍경과 함께 시원한 질주를 즐겨 보자. 지리적으로 비에이, 후라노의 서쪽에 위치해 있고 국도 237번 후라노 방면에서는 우측, 비에이 방면에서는 좌측에 나타난다. 이 길의 중간 지점에는 주민들이 뽑은 가미후라노 8경에 꼽히는 포인트가 있으니 잠시 멈춰서 공기를 들이마시는 것도 좋다.

맵코드 349 667 278

❹ 비호로 고개 美幌峠 [비호로토게]

아칸 국립 공원 내 국도 243호 위에 있는 고개로, 구시로 ~아바시리의 중간 지점에 위치한다. 표고 525m로 맑은 날에는 일본 최대의 칼데라 호수, 굿샤로 호수와 그 안의 나카지마, 멀리 시레토코 연봉까지 파노라마로 감상할 수 있고, 안개가 자욱할 때는 도로 아래가 운해를 이루는 장관을 연출하기도 한다. 전망대에는 일본의 국민 가수였던 미소라 히바리가 이곳을 배경으로 부른 노래 '비호로토게'의 가사가 적힌 비석도 있다.

맵코드 638 225 306*86

겨울이 오면 설국으로 변하는 홋카이도. 보송보송 부드러운 홋카이도의 눈은 파우더 스노(Powder Snow)라 불릴 만큼 수분 함량이 적어 스키나 스노보드에 딱 좋은 설질을 자랑한다. 때문인지 시즌이 되면 해외 각지의 스키어, 스노 보더들이 앞다투어 홋카이도의 스키장을 찾곤 한다. 초급자부터 상급자까지 폭넓게 즐길 수 있는 여러 슬로프를 가진 스키장들이 점재해 있고 풍부한 적설량까지 겸비해 인공적이지 않은, 자연설에서의 스키를 마음껏 즐길 수 있다. 스키장마다 다양한 코스를 보유하고 있기 때문에 우리나라처럼 리프트 대기 시간이 길지 않고, 한적한 자연 속을 자유롭게 질주할 수 있어 만족도가 높다. 특히 저녁에는 리조트 내의 온천에서 피로를 말끔히 풀 수 있다는 점이 매력이다. 이르면 11월 중순부터 4월 초까지가 시즌으로 약 4~5개월간 스키를 즐길 수 있다.

❶ 루스쓰 리조트 ルスツリゾート [루스츠 리조-토]

웨스트, 이스트, 이조라 3개의 산으로 구성된 홋카이도 최대 규모의 스키장이다. 어린이나 초급자가 즐길 수 있는 패밀리 코스부터 최대 경사 40도의 최상급 코스까지 총 37개의 다양한 슬로프를 갖추고 있다. 삿포로·신치토세 공항에서 차로 90분 거리로 접근성이 좋고 며칠을 머물러도 많은 슬로프를 모두 이용할 수 없기에 여러 번 방문해도 질리지 않는다. 단 표고가 낮은 편이라 한겨울 외에는 눈이 녹을 수 있으니 참고하자.

주소 虻田郡留寿都村字泉川13 **맵코드** 385 288 834*02 **위치** 삿포로, 신치토세 공항에서 차로 90분
코스 구성 초급 30%, 중급 40%, 상급 30% **홈페이지** www.rusutsu.co.jp **전화** 0136-46-3111

❷ 기로로 리조트 キロロリゾート [키로로 리조-토]

삿포로에서 1시간 거리, 오타루에서 약 30분 거리에 위치한 기로로 리조트는 21개의 다양한 코스가 있고 최장 활주 거리는 4,000m다. 홋카이도에서도 최고 수준, 극상의 설질이 특징으로 강설량이 적은 겨울에도 3m, 많을 때는 5m가 넘는 적설량을 자랑한다. 폭설 지대이기 때문에 시즌 중 언제라도 파우더 스노를 즐길 수 있다. 또한 SPG 계열의 '쉐라톤'과 '트리뷰트 포트폴리오' 2개의 프리미엄 리조트 시설을 갖추고 있다.

주소 余市郡赤井川村常盤128番地1 **맵코드** 164 297 085*07 **위치** ❶ 삿포로에서 차로 1시간 ❷ 신치토세 공항에서 차로 1시간 30분 ❸ 삿포로, 신치토세 공항에서 예약제 유료 직행 버스 운행 ❹ JR 오타루치코(小樽築港)역에서 예약제 무료 직행 버스 운행 **코스 구성** 초급 33%, 중급 29%, 상급 38% **홈페이지** www.kiroro. co.jp **전화** 0135-34-7111

③ 니세코 스키장 ニセコスキー場 [니세코 스키-죠]

홋카이도의 후지산이라 불리는 요테이산을 배경으로 4개의 스키장이 모여 있는 큰 규모의 스키 리조트. 통합 티켓으로 네 군데 모두 이용할 수도 있고 각각의 스키장만 따로 이용할 수도 있다. 산 정상에서는 서로 이동하면서 스키장을 이용할 수 있고 아래쪽에서는 스키장 간 이동 거리가 조금 있기 때문에 셔틀버스를 이용해야 한다. 단 정상으로 갈수록 경사가 급하기 때문에 초급자는 이용을 삼가는 것이 좋다. 울창한 숲속의 아름다운 자연 풍경과 함께 스키와 스노보드를 즐길 수 있다.

주소/위치/전화 각 스키장별 홈페이지 참고
코스 구성 Niseko Mt. Resort Grand Hirafu : 초급 37%, 중급 40%, 상급 23%
홈페이지 www.grand-hirafu.jp/winter/en

Niseko Annupuri International Ski area : 초급 30%, 중급 40%, 상급 30%
홈페이지 www.annupuri.info/winter/english

Niseko Hanazono Resort : 초급 25%, 중급 63%, 상급 12%
홈페이지 www.hanazononiseko.com/en

Niseko Village Ski Resort : 초급 36%, 중급 32%, 상급 32%
홈페이지 www.niseko-village.com/en/white

❹ 후라노 스키장 富良野スキー場 [후라노 스키-죠]

아사히카와 지역에서 가장 큰 스키장으로, 홋카이도 중앙 도카치다케와 다이세쓰 산 산맥 아래 위치해 있다. 후라노 스키장은 신후라노 프린스 호텔이 있는 후라노 존과 후라노 프린스 호텔이 있는 기타노미네 존으로 크게 구분되며 총 23개의 코스, 최대 경사 34도, 최장 활주 거리는 4km로 시즌 최대 적설량은 2m 정도다. 시즌 내내 기온이 낮은 편이라 양호한 설질이 유지되고, 라이딩 중에는 후라노 시내와 멀리

다이세쓰 산을 비롯해 주변 산들이 한눈에 내려다보여 상쾌한 즐거움을 선사한다.

주소 富良野市中御料 **맵코드** 919 552 687*45 **위치 ❶** 신치토세 공항에서 차로 약 2시간 ❷ JR 후라노(富良野)역에서 차로 약 10분(택시비 약 1,700엔) **코스 구성** 초급 40%, 중급 40%, 상급 20% **홈페이지** www.princehotels.co.jp/ski/furano **전화** 0167-22-1111

❺ 호시노 리조트 도마무 스키장 星野リゾートトマムスキー場 [호시노 리조-토 토마무 스키-죠]

일본 굴지의 고급 료칸 & 리조트 브랜드 호시노 리조트에서 운영하는 스키 리조트. JR 역이 리조트 내에 있고 신치토세 공항까지 1시간 반이면 도착할 수 있는 좋은 입지와 장대한 면적이 특징이며, 호시노 리조트가 운영하는 2개의 호텔까지 있어 시설까지 충실하게 갖추고 있다. 기로로 스키장처럼 적설량이 많지 않지만 일부 코스에 인공 강설기를 도입해 이를 보완했다. 중급자 이상이 만족할 만한 슬로프가 많지 않아 초급자나 가족 단위 여행객에게 추천한다.

주소 勇払郡占冠村字中トマム **맵코드** 608 510 338*02 **위치 ❶** 신치토세 공항에서 차로 약 100분 ❷ JR 신치토세 공항(新千歳空港)역에서 쾌속 에어포트 및 특급 열차를 이용해 JR 도마무(トマム) 역까지 약 90분 **코스 구성** 초급 30%, 중급 40%, 상급 30% **홈페이지** www.snowtomamu.jp/winter **전화** 0167-58-1111

Best
지역 향토 맥주 마시기

홋카이도의 맥주라면 삿포로 맥주를 떠올리는 사람이 대부분일 것이다. 특히 홋카이도에서만 한정 판매하는 '삿포로 클래식'은 여행에서 꼭 맛봐야 할 맥주이자 빼놓을 수 없는 쇼핑 아이템이다. 맥주 제조에 적합한 환경을 갖춘 홋카이도에는 삿포로, 기린, 아사히, 산토리와 같은 대형 맥주 브랜드 이외에도 지역 특색을 살린 다양한 향토 맥주를 생산하고 있는데, 맥주 애호가라면 여행지에서가 아니면 맛볼 수 없는 홋카이도의 맛있는 향토 맥주, 지비루地ビール를 꼭 체험해 보자. 일부 브랜드는 직영점에서 생맥주로 즐길 수도 있다.

❶ 삿포로 클래식 サッポロクラシック

일본을 대표하는 맥주 브랜드 삿포로 맥주에서 만든 홋카이도 한정 판매 맥주다. 부원료는 사용하지 않고 맥아 100%, 파인 아로마 홉 100%를 사용한 페일 라거 맥주로, 목 넘김이 시원한 것이 특징이다. 고온에서 단시간에 제조하는 독일 양조 기법을 사용했고, 1985년 발매 이후 홋카이도 향토 맥주의 선구자 역할을 해 오고 있다. 편의점이나 마트, 공항 면세점에서 구입할 수 있다.

❷ 노스 아일랜드 맥주 　ノースアイランドビール

캐나다에서 수련한 2명의 브루 마스터가 만드는 크래프트 맥주 브랜드. 삿포로 시내에 직영점 비어 바 노스 아일랜드(Beer Bar NORTH ISLAND)'를 운영하고, 공장이 있는 삿포로 근교의 에베쓰 밀 맥주, 필스너, 브라운에일, 스타우트 등 6개의 정규 맥주와 한정 맥주, 시즌 맥주를 판매한다. 정규 맥주 중 '코리앤더 블랙(coriander black)'은 특유의 스파이시한 독창적인 맛으로 가장 인기가 좋다. 직영점에서는 모든 종류를 생맥주로 즐길 수 있고 병맥주는 삿포로 도큐 백화점 식품 매장에서 구입 가능하다.

비어 바 노스 아일랜드 Beer Bar NORTH ISLAND

주소 札幌市中央区南2条東1丁目1-6M's二条横丁2F **위치 ❶** 지하철 오도리(大通)역에서 도보 8분 **❷** 니조 시장 맞은편 **시간** 18:00~24:00 **휴무** 월요일 **홈페이지** northislandbeer.jp **전화** 011-303-7558

❸ 삿포로 개척사 맥주 　サッポロ開拓使ビール

삿포로 팩토리의 주식회사, 삿포로 개척사 맥주 양조장에서 제조하는 맥주로, 1876년 일본 최초의 맥주를 만들던 당시의 레시피를 토대로 옛 맛을 복원하고 있다. 물도 그때처럼 도요히라 강의 복산수를 사용한다. 종류는 세 가지로 필스너 타입의 '개척사', 알트 타입의 '클라크', 바이젠 타입의 '해리'가 있으며 삿포로 팩토리 렌가칸 2층 토산품 판매점에서 구입 가능하고, 렌가칸 1층 비어홀 삿포로 개척사와 맥주 박물관 1층 스타홀에서 생맥주로 즐길 수 있다.

❹ 오타루 맥주 小樽ビール

삿포로에서 1시간 정도 떨어진 오타루 지역의 맥주로, 물, 맥아, 홉, 효모 네 가지 원재료만 사용한 전통 방법으로 고품질 맥주를 양조한다. 오타루 운하에 있는 '오타루 창고 No.1'에서는 양조장 견학과 함께 생맥주를 즐길 수 있는 펍이 있고, 삿포로 직영점 '라이프슈바이즈LEIBSPEISE'에서도 다양한 종류의 오타루 맥주를 생맥주로 맛볼 수 있다.

병맥주는 두 곳 외에도 삿포로 시내 로손과 이온 슈퍼마켓 몇 개 지점에서 구입할 수 있다.

오타루 창고 No.1 小樽倉庫No.1

주소 小樽市港町5-4 **위치 ❶** JR 오타루(小樽)역에서 도보 15분 **❷** 오타루 운하 바로 옆 **시간** 11:00~23:00
전화 0134-21-2323

라이프슈바이즈 LEIBSPEISE

주소 札幌市中央3丁目パレードビル3階 **위치** 지하철 오도리(大通)역에서 도보 3분 **시간** 17:00~24:00(토·일요일 12:00~24:00) **홈페이지** otarubeer.com/jp/leibspeise **전화** 011-252-5807

❺ 하코다테 맥주 はこだてビール

맥주 성분 중 90% 이상을 차지하는 물은 미네랄이 풍부한 하코다테 산기슭에서 끌어 온 천연지하수만을 100% 사용해 만들고 있다. 맥주의 기본 원료인 물, 맥아, 홉, 효모 4가지 원료만으로 양조하고 있고 하코다테 베이에어리어에 위치한 양조장에는 레스토랑도 함께 운영해 신선한 맥주를 바로 맛볼 수 있다. 바이젠, 알토, 에일, 쾰슈 외에 특별 양조, 기간 한정 맥주도 판매한다. 특히 스트롱 에일 '사장이 자주 마시는 맥주 社長のよく飲む'는 몰트를 2배 사용해 한달간 숙성시킨 알코올도수 10%의 특별한 맥주로 인기 있다.

하코다테 비어 HAKODATE BEER
주소 函館市大手町5-22 **위치** JR 하코다테(函館)역에서 도보 7분 **시간** 11:00~15:00, 17:00~21:30 **전화** 0138-23-8000

❻ 아바시리 맥주 網走ビール

도쿄 농업 대학교 오호츠크 캠퍼스와 함께 설립한 맥주 회사의 브랜드로, 블루, 레드, 그린 등 화려한 맥주의 빛깔이 특징이다. 아바시리의 유빙을 함유한 푸른빛의 '유빙 드래프트流氷ドラフト', 세계 유산 시레토코의 대자연을 담은 초록빛 '시레토코 드래프트知床ドラフト', 아바시리 체리를 이용한 '앵두 물방울桜桃の雫', 아바시리 감옥을 이미지한 스타우트 '감극의 흑監極の黒' 등 지역 특색을 살린 다양한 맥주를 선보이고 있다. 맛보다는 특별한 체험이나 기념품용으로 좋고 삿포로 시내, 아바시리, 시레토코의 마트, 토산물 판매점, 돈키호테 삿포로점 등에서 구입할 수 있다.

달다구리 스위츠 정복하기

풍부한 대자연과 맛있는 식재료의 보고 홋카이도. 계란과 밀가루, 우유나 버터와 같은 유제품 역시 신선하고 맛이 뛰어나기 때문에 디저트의 일본식 표현인 '스위츠 sweets, スイーツ' 산업이 발달하지 않을 수 없다. 도쿄와 오사카, 후쿠오카 등 일본의 주요 공항 기념품 숍에서는 홋카이도의 스위츠가 해당 지역의 디저트 못지않게 판매되고 있어 홋카이도를 스위츠 천국이라 부를 정도다. 또한 홋카이도의 스위츠는 해외 곳곳에 지점을 내 우리나라에서까지 브랜드 숍을 오픈할 정도로 인기가 세계적이다. 여행 중에 현지에서 맛볼 수 있는 홋카이도 한정의 스위츠를 비롯한 달콤한 여행을 떠나 보자.

❶ 롯카테이 六花亭

홋카이도를 대표하는 전통 있는 과자점으로, 초기에는 화이트 초콜릿으로 이름을 알렸지만 지금의 대표 상품은 버터 크림이 들어간 쿠키 '마루세이 버터 샌드マルセイバターサンド'다. 100% 홋카이도산 생유를 사용한 버터 크림과 화이트 초콜릿, 건포도가 어우러진 필링이 비스킷 사이에 가득 차 달콤함이 매력적인 스위츠. 홋카이도 내 약 20개의 직영 매장 외에도 이온몰, 백화점, 대형 쇼핑몰, 공항 면세점에서도 구입할 수 있고 삿포로 본점, 오비히로 본점, 오타루 운하점, 삿포로 내 백화점에서는 면세로 구입 가능하다.

❷ 르타오 LeTAO

아름다운 운하의 도시 오타루에서 시작한 양과자점으로, 부드러운 레어 치즈 케이크와 탄탄한 구운 치즈 케이크가 만난 '더블 프로마주 ドゥーブルフロマージュ'가 대표 상품이다. 한입 물면 부드럽게 녹아 버리고 우유와 치즈의 풍미가 입안 가득 퍼진다. 2015년 우리나라에서도 오픈했지만 현지에서는 우리나라보다 약 30% 저렴한 가격으로 구입할 수 있다. 오타루 시내에 5개 매장과 공항에서 구입 가능하다.

❸ 기타카로 北菓楼

롯카테이, 르타오와 함께 오타루 3대 디저트 숍에 포함되는 기타카로. 홋카이도산 소재를 사용하고 전통 배합으로 만든 폭신하고 입안에서 부드럽게 녹는 바움쿠헨이 대표 상품이다. 기간 한정의 시즌별 소재를 사용한 바움쿠헨과 매장별 한정 상품들도 판매한다. 삿포로 시내 백화점, 공항, 오타루 본관에서 구입할 수 있으며, 특히 2016년 3월 오픈한 삿포로 본관은 홋카이도 최초의 본격 도서관이었던 역사적인 건물을 일본의 대표적인 건축가 안도 다다오가 리뉴얼한 카페도 운영한다.

삿포로 본관
주소 札幌市中央区北1条西5丁目1-2 **위치** 지하철 오도리(大通)역에서 도보 4분 **시간** 10:00~19:00(카페 10:00~18:00) **전화** 0800-500-0318

❹ 로이즈 ロイズ

일본 면세점에서 가장 인기 있는 초콜릿 브랜드로, 수분이 17%나 함유된 생초콜릿이 대표 상품이다. 국내에도 10개가 넘는 매장이 오픈해 있지만 일본보다 약 2.5배나 비싸게 구입해야 한다. 로이즈 초콜릿의 매력은 가격 대비 퀄리티가 좋다는 점이기 때문에 일본 여행 시 면세점에서 구입하는 것이 가장 좋다. 신치토세 공항 '스마일 로드'에는 로이즈 초콜릿이 만들어지는 제조 공정이 견학 가능한 초콜릿 월드가 있는데 제법 볼거리가 많아 일찍 체크인해서 여유롭게 둘러보는 것이 좋다. 단, 한정 상품 이외에 기본 초콜릿 구입은 초콜릿 월드가 아닌 면세점 내에서 하는 것이 포인트다.

로이즈 초콜릿 월드 Royce' Chocolate World
주소 北海道千歳市美々新千歳空港ターミナルビル連絡施設3F **위치** 신치토세공항 터미널 빌딩 연결 시설 3층 **시간** 8:00~20:00(뮤지엄), 8:30~17:30(팩토리), 9:00~20:00(베이커리) **전화** 0120-612-453

❺ 시로이 고이비토 白い恋人

이시야 제과에서 만든 '하얀 연인'이라는 의미의 초콜릿 쿠키로, 홋카이도를 대표하는 기념품이자 스위츠 브랜드다. '고양이 혀'라는 뜻의 프랑스 쿠키, 랑그드샤에 달콤하고 진한 화이트 초콜릿을 넣은 제품으로 우리나라의 쿠크다스와 비슷한 느낌을 가졌다. 삿포로 시내 백화점과 쇼핑몰 식품 매장, 기념품 판매점, 공항 면세점에서 구입할 수 있고 삿포로 근교의 시로이 고이비토 파크라는 테마파크를 운영하고 있다.

시로이 고이비토 파크
주소 札幌市西区宮の沢2-2-11-36 **위치** 지하철 미야노사와(宮の沢)역에서 도보 7분

Best
베스트
음식 먹기

여행지로서 일본을 찾는 사람들에게는 각기 다른 목적과 이유가
있겠지만 그중 빼놓을 수 없는 테마가 바로 먹거리다. 여행 중 맛있
는 음식에 대한 열망은 누구나 조금이라도 가지고 있기 때문이다. 홋
카이도는 일본 내에서도 맛있는 먹거리가 특히나 많은 지역으로 잘 알려
져 있는데, 깨끗하고 웅대한 자연을 닮은 신선한 해산물 음식이나 유제품, 지역 특색이 반영된 향
토 음식을 비롯해 어디에서 어떤 음식을 맛보더라도 실패할 확률이 다른 지역보다 적다. 이런 맛
있는 홋카이도에서 꼭 먹어 봐야 할 대표적인 음식들을 미리 확인해 보자.

🍚 신선한 해산물이 가득, 가이센돈

홋카이도의 음식을 이야기할 때 신선한 해산물
은 빠지지 않는 소재다. 산지에서 직송한 싱싱
한 해산물을 밥 위에 가득 올린 것을 해산물 덮
밥 '가이센돈海鮮丼'이라고 하는데, 밥 위에 올
리는 재료, 네타ネタ에 따라 가이센돈 이름도
달라진다. 게살かに[카니], 연어알いくら[이쿠
라], 성게うに[우니]가 기본적인 네타로 이 세
가지 네타가 올라간 것을 삼색돈三色丼[산쇼쿠
동]이라 한다. 이 외에도 새우えび[에비]나 연어

サーモン[사몬], 참치まぐろ[마구로], 가리비ホタ
テ[호타테]가 올라가는 경우도 있다. 쇼유와 와사비만으로 슥슥 비벼
서 한 입 물면 입안 가득 퍼지는 싱싱한 바다의 향기를 느낄 수 있다.

삿포로

우미하치쿄 본점 海味はちきょう 本店

대표 메뉴 : 이쿠라돈 '쯧코항(つっこ飯)' / 4,990엔(대), 2,290엔(중), 1,890엔(소)

주소 札幌市中央区南3条西3都ビル1F 위치 지하철 스스키노(すすきの)역에서 도보 1분 시간 18:00~24:00(월~토: 주문 마감 23:00), 17:00~23:00(일·공휴일: 주문 마감 22:00) 홈페이지 www. atomsgroup.jp 전화 011-222-8940

기타노 구루메테이 北のグルメ亭

대표 메뉴 : 가이센돈(海鮮丼) / 3,210엔

주소 札幌市中央区北11条西22丁目4-1 위치 JR 삿포로(札幌)역 북쪽 출구 인근에서 무료 송영 버스 운행 *시간표, 위치 정보는 홈페이지에서 확인 가능 시간 7:00~15:00(주문 마감 14:30) 홈페이지 www.kitanogurume.co.jp/kr 전화 011-621-3545

오타루

스시코 すし耕

대표 메뉴 : 홋카이돈(北海丼, 연어·연어알·성게알·가리비 4가지 네타) / 2,700엔

주소 小樽市色内2丁目2-6 위치 JR 오타루(小樽)역에서 도보 5분 시간 12:00~21:00 휴무 수요일 홈페이지 www.denshiparts.co.jp/sushikou 전화 0134-21-5678

기타노 돈부리야 다키나미식당 北のどんぶり屋 滝波食堂

대표 메뉴 : 와가마마돈(わがまま丼, 좋아하는 네타를 골라서 먹는 덮밥) / 1,800엔~

주소 小樽市稲穂3丁目10-16 위치 JR 오타루(小樽)역에서 도보 2분 시간 8:00~17:00 전화 0134-23-1426

하코다테

우니 무라카미 하코다테 본점 うに むらかみ 函館本店

대표 메뉴 : 무첨가 나마우니돈(無添加生うに丼, 생성게알 덮밥) / 4,320엔

주소 函館市大手町22-1 위치 JR 하코다테(函館)역에서 도보 4분 시간 9:00~14:30(주문 마감14:00), 17:00~22:00(주문 마감 21:00) *10월 1~4월 하순 동안에는 11:00 오픈 휴무 수요일 홈페이지 www.uni-murakami.com 전화 0138-26-8821

하코다테 아사이치 아지노이치방 函館朝市 味の一番

대표 메뉴 : 삼색돈(三食丼, 성게알·연어알·오징어) / 1,700엔

주소 函館市若松町11-13 위치 JR 하코다테(函館)역에서 도보 2분 시간 6:30~14:00(11~4월 7:00~13:00) 전화 0138-26-5587

 오타루에서 즐기는 맛있는 스시

아름답고 낭만적인 운하 주위로 운치 있는 창고 건물이 있는 홋카이도의 대표적인 관광지 오타루는 하얀 눈 위에서 '오겡끼데스까'를 외치던 영화 《러브레터》의 배경지이자 인기 만화 '미스터 초밥왕'의 배경 도시다. 바다와 인접한 항구 도시 오타루의 스시는 신선도가 좋고, 저렴한 맛집부터 미슐랭 스타를 받은 스시 가게까지 120여 채의 스시 전문점들이 늘어서 있어 스시의 거리라 불리기도 한다. 홋카이도를 여행한다면 스시를 꼭 오타루에서 맛보자. 신선함이 가득한 제철 네타를 먹어 보는 것이 중요한 포인트다.

이세즈시 伊勢鮨

미슐랭 1스타를 받은 스시 전문점으로, 방문 두 달 전부터 예약할 수 있다. 워낙 인기 매장인 데다 네타가 떨어지면 일찍 문을 닫기 때문에 예약이 필수며, 전화 예약만 가능하다.

주소 小樽市稲穂3丁目15-3 **위치** JR 오타루(小樽)역에서 도보 6분 **시간** 11:30~15:00(주문 마감14:30), 17:00~22:00(주문 마감 21:30) **휴무** 수요일, 첫째 주 화요일 **가격** 6,000엔~(1인당) **홈페이지** www.isezushi.com **전화** 0134-23-1425

다카라스시 宝すし

현지인 추천 맛집으로 고급 재료와 퍼포먼스, 분위기 모두 만족할 만한 스시 가게다. 좌석이 15석뿐이기 때문에 미리 예약하고 방문해야 한다. 저녁의 카운터석은 1만 엔 이상의 코스 요리 주문시에만 이용할 수 있다.

주소 小樽市花園1丁目9-18 **위치** JR 오타루(小樽)역에서 도보 10분 **시간** 11:30~14:00, 17:00~21:00(일·공휴일 ~20:00) **휴무** 수요일 **가격** 4,000엔~(1인당) **홈페이지** www.takarasushi.jp **전화** 0134-23-7925

요시 よし

오타루에서 스시 맛집으로 손에 꼽히는 가게로 가이센동도 판매하고 있다. 카운터석은 좌석 수가 적기 때문에 8,000엔 이상의 코스 요리를 주문하는 사람만 이용할 수 있다.

주소 小樽市色内1丁目10-9 **위치** JR 오타루(小樽)역에서 도보 12분 **시간** 11:30~15:00, 17:30~21:00 **휴무** 부정기 **가격** 5,000엔~(1인당) **홈페이지** otaru-sushiyoshi.com **전화** 0134-23-1256

오타루 마사즈시 おたる政寿司 ➡p.130 참고

구키젠 群来膳 ➡p.131 참고

 ## 본고장의 대게를 무제한으로! 대게 뷔페

홋카이도 해산물 중에서도 대표적인 특산물인 대게. 홋카이도에는 몸 전체가 털로 덮인 털게毛ガニ[케가니], 게들의 왕 킹크랩たらば蟹[타라바가니], 다리가 길쭉한 대게ズワイガニ[즈와이가니], 뾰족한 가시가 많은 꽃게花咲ガニ[하나사키가니] 등 대게의 종류가 다양하며, 특히 겨울이 되면 제철의 맛있는 대게를 맛볼 수 있다. 대게 요리는 샤부샤부, 찜, 회, 튀김 등 여러 가지 조리법으로 즐길 수 있고 삿포로 시내의 뷔페식 레스토랑에서 여러 종류의 대게를 마음껏 즐길 수 있다.

가이센 바이킹 난다 海鮮バイキング難陀

킹크랩, 털게, 대게를 비롯해 검정소 와규, 해산물, 과일, 스위츠까지 즐길 수 있는 뷔페 레스토랑. 시간제로 120종류의 음식을 마음대로 맛볼 수 있다.

주소 札幌市中央区南5条西2丁目サイバーシティビルB2F 위치 지하철 스스키노(すすきの)역에서 도보 4분 시간 11:00~16:00(점심: 주문 마감 15:00), 16:00~22:20(저녁: 주문 마감 20:50) 가격 3,500엔(70분 코스), 4,780엔(100분 코스) 홈페이지 g-nanda.com 전화 011-532-7887

에비카니 갓센 삿포로 본점 えびかに合戦 札幌本店

90분 동안 무한 리필 대게를 맛볼 수 있는 곳으로, 제공되는 음식의 종류에 따라 7품, 8품, 10품 코스로 구성된다. 저녁에는 스스키노의 야경도 즐길 수 있다.

주소 札幌市中央区南4条西5 F-45ビル12F 위치 지하철 스스키노(すすきの)역에서 도보 4분 시간 16:00~24:00 가격 6,500엔~(시가와 코스에 따라 상이) 홈페이지 ebikani.co.jp 전화 011-210-0411

삿포로 징기스칸 본점 さっぽろジンギスカン 本店

홋카이도 한정 맥주인 홋카이도 클래식 생맥주를 맛볼 수 있는 맥주 전문점으로, 100분간 3대 대게와 홋카이도산 검정소 와규, 양고기 징기스칸까지 무한 리필로 맛볼 수 있는 6,500엔 코스가 인기있다.

주소 札幌市中央区南3条西3丁目Gダイニング9F 위치 지하철 스스키노(すすきの)역에서 도보 3분 시간 17:30~24:00 휴무 12월1일, 1월1일 가격 6,500엔(100분) 전화 011-222-5550

 홋카이도 소울 푸드, 수프 카레 & 징기스칸

홋카이도에는 해산물 요리 외에도 도민들이 즐겨 먹는 특별한 향토 요리들이 있는데 그중 하나가 삿포로에서 시작한 수프 카레다. 일반적인 걸쭉한 카레가 아닌 자작한 카레 국물에 야채와 고기를 넣은 것으로, 삿포로 내에 200여 점의 수프 카레 가게가 있고 다른 지역에서도 전문점을 만나볼 수 있을 정도로 인기가 좋다. 또한 중앙 부분이 볼록 올라온 원형 불판에 양고기를 올리고 둘레에는 야채를 넣어 구워서 먹는 향토 요리 징기스칸 역시 유명하다. 최근에는 우리나라에서도 징기스칸 전문점을 만날 수 있지만 본고장의 맛과 비교하기 어렵다.

수프 카레 가라쿠 _スープカレー GARAKU_

돼지 뼈, 닭, 충분한 야채를 사용해 만든 베이스와 21가지 향신료를 섞어 만든 수프에 원하는 토핑을 넣어서 먹고 매운 정도는 1단계에서 40단계까지 선택할 수 있다. 1~5단계는 무료 선택이나 6~19단계는 110엔, 20~40단계는 210엔 추가된다. 레토르트 제품도 판매하고 있어 선물용이나 기념품으로 구입하기 좋다.

주소 札幌市中央区南２条西２丁目6-1おくむらビルB1 **위치** 지하철 오도리(大通)역에서 도보 5분 **시간** 11:30~15:30(주문 마감 15:00), 17:00~23:30(주문 마감 23:30), 11:30~22:00(일요일; 주문 마감 21:30) **가격** 1,200엔~ **홈페이지** www.s-garaku.com **전화** 011-233-5568

피칸테 Picante

가라쿠 외에 삿포로 수프 카레 맛집으로 손꼽히는 곳으로 바삭하게 튀겨 낸 닭고기가 들어간 '사쿳토 피카 치킨(サクッとPICAチキン, 1,060엔)'이 인기 메뉴다. 피칸테는 주문할 때 가장 먼저 카레의 종류를 선택하는데 매일 주문 가능한 카레와 날마다 바뀌는 카레가 준비돼 있다. 맵기는 1단계에서 5단계까지 있으며, 1~2단계는 무료, 3단계부터는 추가 요금이 발생한다.

주소 札幌市中央区北2条西1丁目8番地青山ビル1F **위치** 지하철 오도리(大通)역에서 도보 7분 **시간** 11:00~22:30(주문 마감 22:00) **휴무** 수요일 **가격** 1,100엔~(1인당) **홈페이지** www.picante2009.com **전화** 011-271-3900

다루마 본점 だるま 本店

60년의 전통 징기스칸 맛집 다루마. 삿포로에서 가장 맛있는 징기스칸이라 할 수 있다. 본점은 좌석이 16석밖에 없기 때문에 늘 웨이팅을 해야 하고 그나마 10시 이후에 방문하면 기다리지 않고 바로 입장할 수 있다. 인근에 지점도 오픈했는데 모두 주소 번지를 따라 다루마 6.4점6条西4丁目, 다루마 4.4점4条西4丁目으로 이름 지은 것이 재미있다. 새벽 2시 반까지 주문을 받으니 여유 있게 들러도 좋다.

주소 札幌市中央区南五条西4クリスタルビル1F **위치** 지하철 스스키노(すすきの)역에서 도보 4분 **시간** 17:00~다음날 3:00(주문 마감 다음 날 2:30) **가격** 1,500엔~(1인당), 785엔(징기스칸 1인분) **전화** 011-552-6013

삿포로 징기스칸 본점 さっぽろジンギスカン 本店

다루마와 1, 2위를 다투는 징기스칸 맛집이다. 양고기 특유의 냄새 없이 쫄깃하고 고소한 징기스칸을 맛볼 수 있다. 주인 아저씨가 장인의 손길로 잘 손질한 생고기를 내어 주며 정량이 모두 판매되면 영업시간이 안 끝났어도 문을 닫는다. 서민적이고 소박한 멋이 있는 곳으로, 여자 혼자 방문해도 어색하지 않게 식사를 할 수 있다.

주소 札幌市中央区南5条西6丁目2F **위치** 지하철 스스키노(すすきの)역에서 도보 5분 **시간** 17:00~21:30 **가격** 1,800엔~(1인당), 900엔(징기스칸 1인분) **전화** 011-512-2940

홋카이도 3대 라멘

일본의 라멘은 각 지역마다 다른 특색을 가지고 있는데 홋카이도 라멘의 대표적인 특징은 돈코츠(돼지 뼈) 베이스지만 규슈의 하카타 라멘과는 달리 진한 양념을 더한 수프 그리고 도톰하고 단단하면서 약간 구불거리는 면이라 할 수 있다. 또한 홋카이도 라멘이라 부르기보다는 미소 라멘(된장 라멘)으로 대표되는 '삿포로 라멘', 시오 라멘(소금 라멘)으로 대표되는 '하코다테 라멘', 쇼유 라멘(간장 라멘)으로 대표되는 '아사히카와 라멘'을 홋카이도 3대 라멘으로 부른다. 이 3대 지역의 라멘 가게에서는 꼭 대표 라멘에 한정하지 않고 기본적으로 미소, 시오, 쇼유 세 가지 맛의 라멘을 모두 판매하고 있고, 각 지역에 직접 찾아가지 않더라도 접근성이 좋은 삿포로 시내에 지역별 인기 라멘 가게를 모아 놓은 '삿포로 라멘 공화국'과 '삿포로 라멘 요코초'와 같은 테마 가게들이 있어 어렵지 않게 본고장의 맛을 체험해 볼 수 있다.

삿포로 라멘 공화국 札幌ら~めん共和国

주소 札幌市北区北5条西2丁目 **위치** 삿포로역 에스타 10층 **시간** 11:00~22:00 **휴무** 연중무휴 **홈페이지** www.sapporo-esta.jp/ramen **전화** 011-209-5031

원조 삿포로 라멘 요코초
元祖さっぽろラーメン横丁

주소 札幌市中央区南5条西3丁目6 **위치** 스스키노(すすきの)역 3번 출구에서 도보 3분 **홈페이지** www.ganso-yokocho.com *가게마다 영업시간, 전화번호 상이

홋카이도 오미야게 사기

여행지나 출장지에서 가족 또는 지인에게 줄 선물 혹은 다른 지역을 방문할 때 내가 사는 지역의 토산품을 선물하는 것을 '오미야게 お土産'라고 하는데, 일본은 특히 이 오미야게 문화가 매우 발달했다. 우리나라의 토산품土産品과 같은 한자를 사용하는데 오미야게에는 '가까운 지인을 위한 선물용'이라는 의미가 추가됐다고 이해할 수 있다. 홋카이도는 특히 유명한 스위츠가 많아서 오미야게용 패키지가 다양하고, 지역 한정의 특산품도 많아 자칫 생각 없이 주워 담다가는 주머니 사정이 어려워질 수 있다. 반대로 오미야게 쇼핑에 인색했다가 한국에 돌아와서 아쉬울 상황도 생기기 마련이니 여행 예산을 준비할 때 선물할 가족이나 지인의 목록을 한번 정리해 보는 것도 좋다. 여행 중에 구입해야 하는 오미야게 쇼핑 아이템을 정리해 보았다.

❶ 초콜릿

스위츠 천국 홋카이도에서 가장 유명한 초콜릿 브랜드 로이즈. 국내에도 브랜드 숍을 오픈했지만 고가의 초콜릿을 구입하기란 부담스럽지 않을 수 없다. 신치토세 공항에서는 로이즈의 간판 상품인 '생초콜릿(720엔)'을 국내의 반도 안 되는 가격으로 구입할 수 있다. 또 달콤하고 짭짤한 '포테이토 칩 초콜릿'도 인기 아이템이다.

❷ 과자

앞서 스위츠 페이지에서도 언급한 이시야 제과의 '시로이 고이비토(12개 입 705엔~)', 롯카테이의 '마루세이 버터 샌드(5개입 630엔~)'와 같은 과 자는 대표적인 아이템이며, 홋카이도산 감자의 맛을 그대로 느낄 수 있 는 감자 스틱 '자가폿쿠루(じゃがポックル, 10개입 820엔)'와 구운 옥수 수 과자 '야키토키비(焼きとうきび, 6개입 600엔)'도 추천할 만하다.

❸ 유바리 멜론 젤리

삿포로에서 동쪽으로 약 60km 떨어진 유바리 지역에서 생산하는 고급 멜론. 주황색 과육과 특 유의 달콤함으로 일본에서도 멜론 중의 멜론으로 유명하다. 유바리 멜론의 향과 과즙을 그대로 담은 젤리 상품은 홋카이도 오미야게의 인기 아이템으로 호리(HORI) 사에서 만든 '퓨어 젤리(4개 입 680엔, 프티 사이즈 10개입 1,000엔)'가 가장 많이 판매된다.

❹ 맥주

홋카이도에서만 판매하는 삿포로 클래식은 350ml 6개입이
780엔으로 공항 면세점이 가장 저렴하다. 시내에서 구입하
기에는 무겁기도 하고 가격도 공항보다 비싸기 때문에 돌아
가는 길에 면세점에서 구입하는 것이 가장 좋다. 이 외의 지역
맥주들은 판매처가 적기 때문에 여행 중에 구입해야 한다.

❺ 유리 공예품

영화 〈러브레터〉의 촬영지였던 오타루에서 영화 속 남자 주인
공 직업이 유리 공예가였는데 실제로 유리 공예품은 오타루
의 특산물로 유명하다. 운하 주변에는 아기자기한 액세서리
부터 장식품, 인테리어 소품, 식기류 등 다양한 유리 공예품을
판매하는 숍들이 늘어서 있다. 수공예품이기 때문에 가격대가
조금 높은 편이다.

⑥ 입욕제

온천과 반신욕을 좋아하는 일본은 집에서 사용하는 입욕 관련 상품이 발달해 있다. 온천 성분이 들어간 입욕제나 지역 특산품을 이용한 입욕제, 시즌별 패키지 등 아기자기한 입욕제들을 드러그 스토어, 마트, 백화점, 대형 쇼핑몰, 잡화점 등에서 구입할 수 있다. 특히 노보리베쓰 온천 성분이 함유된 입욕제나 후라노 팜도미타의 라벤더 입욕제는 홋카이도의 추천 입욕제며, 1회용 낱개로도 구입할 수 있어 선물용으로도 좋다.

⑦ 한정 상품

일본은 각 지역마다 지역 한정 상품이 다양하게 출시되고 있는데, 특히 맛으로 유명한 홋카이도는 이런 한정 상품들이 더욱 발달해 있다. 일본의 대형 과자 회사나 맥도날드와 같은 패스트푸드점에서도 한정 제품을 출시하고, 식품 외에도 스타벅스 MD, 캐릭터 상품들도 한정 상품을 발매하고 있어 물품을 구입하는 어느 곳에 가더라도 홋카이도 한정 '北海道 限定'이라는 일본어를 쉽게 발견할 수 있을 것이다. 다른 곳에서 구입할 수 없는 만큼 여행 중에 빠뜨릴 수 없는 아이템이다.

Hokkaido

추천 코스 9

휴가 내지 않고 다녀오는
2박 3일

과거 한정적인 항공편에 비해 지금은 인천 기준으로 하루에 6개의 항공편이 운항하고 있어 도쿄나 오사카처럼 짧은 여행이 쉬워졌다. 홋카이도에 처음 가거나, 멀리 이동하지 않고 단 기간에 대표적인 관광지를 둘러보려는 사람들에게 추천하는 일정이다.

1일차
신치토세 공항 ☆ 홋카이도청 구 본청사 ☆ 오도리 공원 ☆ 삿포로 TV 타워 ☆ 삿포로 맥주 박물관 ☆ 스스키노

2일차
메르헨 교차로 ☆ 오타루 오르골당 ☆ 르타오 본점 ☆ 기타이치 글라스 ☆ 오타루 운하

3일차
시로이 고이비토 파크 ☆ 마루야마 공원 ☆ 신치토세 공항

DAY 1

신치토세 공항

쾌속 에어포트 40분

JR線 札幌駅
삿포로역

도보 8분

홋카이도청 구 본청사

도보 8분

삿포로 TV 타워

도보 5분

오도리 공원

東豊線 東区役所前駅
히가시쿠야쿠쇼 마에역

지하철 6분

東豊線 大通駅
오도리역

도보 5분

도보 10분

삿포로 맥주 박물관

도보 10분

東豊線 東区役所前駅
히가시쿠야쿠쇼 마에역

지하철 7분

東豊線 豊水すすきの駅
호스이 스스키노역

도보 5분

스스키노

DAY 2

JR線 札幌駅
삿포로역

→ 쾌속 에어포트 30분 →

JR線 南小樽駅
미나미 오타루역

→ 도보 5분 →

메르헨 교차로

→ 도보 1분 →

오타루 오르골당

↓ 도보 1분

JR線 札幌駅
삿포로역

→ 쾌속 에어포트 30분 →

JR線 小樽駅
오타루역

→ 도보 10분 →

오타루 운하

→ 도보 10분 →

기타이치 글래스

→ 도보 2분 →

르타오 본점

DAY 3

숙소 체크아웃 및 짐 보관

BUS 札幌駅バスターミナル
삿포로에키 버스 터미널

→ 버스 27분 →

BUS 西町北20丁目
니시마치키타니주초메 버스 정류장

↓ 도보 6분

マル야마코엔역
마루야마 공원

마루야마 공원

→ 도보 5분 →

東西線 円山公園駅
마루야마코엔역

→ 지하철 10분 →

東西線 宮の沢駅
미야노사와역

→ 도보 8분 →

시로이 고이비토 파크

↓ 도보 5분

東西線 円山公園駅
마루야마코엔역

→ 지하철 5분 →

東西線 大通駅
오도리역

숙소에서 짐 찾기

JR線 札幌駅
삿포로역

→ 쾌속 에어포트 40분 or 리무진 버스 1시간 →

신치토세 공항

핵심 여행지만 골라 떠나는
3박 4일

가장 보편적인 3박 4일 일정으로 홋카이도의 대표 관광지를 둘러보는 핵심 코스다. 특히 공항에서 차로 1시간 떨어진 인기 온천지 노보리베쓰 온천의 대형 료칸들은 공항까지 무료 또는 저렴한 비용으로 송영 버스를 운행하고 있어 첫날이나 마지막날 숙박하면 편리하고 경제적이다.

1일차
신치토세 공항 — 노보리베쓰 온천 거리 — 지옥 계곡 — 오유누마 — 료칸 숙박

2일차
삿포로 라멘 공화국 — 삿포로 맥주 박물관 — 오도리 공원 — 다누키코지 상점가 — 스스키노

3일차
니조 시장 — 홋카이도청 구 본청사 — 메르헨 교차로 — 오타루 운하

4일차
홋카이도 대학 — JR 타워 — 신치토세 공항

DAY 1

신치토세 공항 · 송영 버스 1시간 · 료칸 체크인 · 도보 5분 · 노보리베쓰 온천 거리

도보 2분

오유누마 · 도보 15분 · · 지옥 계곡

도보 20분

료칸 가이세키 요리 · 온천 및 휴식

DAY 2

료칸 체크아웃

송영 버스 70분

JR線
札幌駅

삿포로역 앞

도보 2분

삿포로 라멘 공화국

東豊線
大通駅

오도리역

지하철 6분

東豊線
東区役所
前駅

히가시쿠야쿠쇼
마에역

도보 10분

삿포로 맥주 박물관

도보 25분 or 도큐백화점
남측에서
순환 88번 버스
10분

도보 2분

오도리 공원

도보 5분

다누키코지 상점가

도보 4분

스스키노

삿포로 맥주 박물관

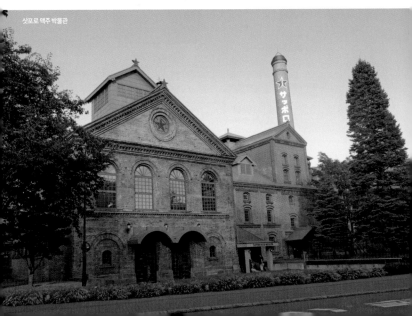

DAY 3

니조 시장(삼색돈 먹기)

도보 18분

홋카이도청 구 본청사

도보 7분

JR線
札幌駅
삿포로역

쾌속
에어포트
30분

오타루 운하(야경 촬영)

도보 15분

메르헨 교차로

도보 5분

JR線
南小樽駅
미나미
오타루역

도보 10분

JR線
小樽駅
오타루역

쾌속 에어포트 30분

JR線
札幌駅
삿포로역

DAY 4

숙소 체크아웃
및 짐 보관

도보 10분

홋카이도 대학

도보 8분

신치토세 공항

쾌속 에어포트 40분
or 리무진 1시간

JR線
札幌駅
삿포로역

숙소에서 짐 찾기

JR 타워

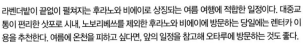
후라노·비에이의 매력에 빠지는
3박 4일

라벤더밭이 끝없이 펼쳐지는 후라노와 비에이로 상징되는 여름 여행에 적합한 일정이다. 대중교통이 편리한 삿포로 시내, 노보리베쓰를 제외한 후라노와 비에이에 방문하는 당일에는 렌터카 이용을 추천한다. 여름에 온천을 피하고 싶다면, 앞의 일정을 참고해 오타루에 방문하는 것도 좋다.

1일차 ☆신치토세 공항 ☆홋카이도청 구 본청사 ☆오도리 공원 ☆삿포로 TV 타워 ☆삿포로 맥주 박물관 ☆스스키노

2일차 ☆제루부노오카 ☆켄과 메리의 나무 ☆파란 연못 ☆흰수염 폭포 ☆시키사이노오카 ☆팜도미타

3일차 ☆노보리베쓰 온천 거리 ☆지옥 계곡 ☆오유누마 ☆료칸 숙박

4일차 ☆노보리베쓰 ☆신치토세 공항

DAY 1

신치토세 공항 — 쾌속 에어포트 40분 → JR線 札幌駅 삿포로역 — 도보 8분 → 홋카이도청 구 본청사 — 도보 8분 → 오도리 공원

도보 5분 ↓

東豊線 東区役所前駅 히가시쿠야쿠쇼마에역 ← 도보 10분 — 삿포로 맥주 박물관 ← 도보 10분 — 東豊線 東区役所前駅 히가시쿠야쿠쇼마에역 ← 지하철 6분 — 東豊線 大通駅 오도리역 ← 도보 5분 — 삿포로 TV 타워

지하철 7분 ↓

東豊線 豊水すすきの駅 호스이스스키노역 — 도보 5분 →  스스키노

DAY 2

렌터카 대여

자동차
2시간 30분

제루부노오카

자동차
2분

흰수염 폭포

자동차
5분

파란 연못

자동차
25분

켄과 메리의 나무

시키사이노오카

자동차 30분

자동차
20분

팜도미타

자동차
2시간 30분

렌터카 반납

FARM TOMITA

DAY 3

JR線
札幌駅

삿포로역

특급 슈퍼
호쿠토 80분

JR線
登別駅

노보리베쓰역

도보 1분

BUS
登別駅前

노보리베쓰
에키마에
버스 정류장

노선버스
15분

지옥 계곡

도보 2분

노보리베쓰 온천 거리

도보 5분

BUS
登別温泉
ターミナル

노보리베쓰
온센 터미널

도보 15분

오유누마

도보 20분

료칸 가이세키 요리

온천 및 휴식

DAY 4

료칸 체크아웃

송영 버스 1시간

신치토세 공항

이국적인 하코다테를 모험하는
3박 4일

홋카이도 남단에 위치한 하코다테는 삿포로에서 특급 열차로 3시간이 넘는 거리지만 특유의 이국적인 분위기와 아름다운 야경으로 충분한 매력을 지닌 도시다. 공항으로 돌아가는 마지막 일정에 노보리베쓰를 경유해 관광하거나, 다른 일정 없이 하코다테에서 2박 동안 머물러도 좋다.

1일차
신치토세 공항 — 홋카이도청 구 본청사 — 오도리 공원 — 삿포로 TV 타워 — 삿포로 맥주 박물관 — 스스키노

2일차
고료카쿠 공원 — 가네모리 아카렌가 창고 — 하치만 언덕 — 하코다테산 전망대

3일차
노보리베쓰 온천 거리 — 지옥 계곡 — 오유누마 — 료칸 숙박

4일차
노보리베쓰 — 신치토세 공항

DAY 1

신치토세 공항 —쾌속 에어포트 40분→ JR線 札幌駅 삿포로역 —도보 8분→

홋카이도청 구 본청사

東豊線 東区役所前駅 히가시쿠야쿠쇼 마에역 —지하철 6분→ 東豊線 大通駅 오도리역 —도보 5분→

삿포로 TV 타워

—도보 5분→

 （도보 5분 아래로）
오도리 공원 (도보 8분)

삿포로 맥주 박물관 —도보 10분→ 東豊線 東区役所前駅 히가시쿠야쿠쇼 마에역 —지하철 7분→ 東豊線 豊水すすきの駅 호스이 스스키노 역 —도보 5분→

스스키노

히가시쿠야쿠쇼 마에역 —도보 10분→

58

DAY 2

JR線
札幌駅

삿포로역

특급 슈퍼 호쿠토
3시간 30분

JR線
函館駅

하코다테역

도보 3분

函館市電
函館駅前
駅

하코다테
에키마에역

노면 전차
15분

函館市電
十字街駅

주지가이역

노면 전차
20분

函館市電
五稜郭公
園前駅

고료카쿠코엔
마에역

도보 15분

고료카쿠 공원

도보 15분

函館市電
五稜郭公
園前駅

고료카쿠코엔
마에역

도보
5분

가네모리 아카렌가 창고

도보 5분

하치만 언덕

도보 5분
+로프웨이 3분

函館市電
函館駅前
駅

하코다테
에키마에역

노면 전차 5분

函館市電
十字街駅

주지가이역

도보 10분

하코다테산 전망대
(야경 감상)

DAY 3

특급 슈퍼 호쿠토
2시간25분

JR線
函館駅
하코다테역

JR線
登別駅
노보리베쓰역

도보 1분

BUS
登別駅前
노보리베쓰
에키마에
버스 정류장

노선버스
15분

지옥 계곡

도보 5분

료칸 체크인

노보리베쓰 온천 거리

도보 5분

BUS
登別温泉
ターミナル
노보리베쓰
온센 터미널

도보 15분

오유누마

도보 20분

료칸 가이세키 요리

온천 및 휴식

DAY 4

료칸 체크아웃

송영 버스 1시간

신치토세 공항

도동·도북의 대자연과 함께하는
4박 5일

리얼한 대자연과 마주하려면 도동, 도북 지역에 가야 한다. 하지만 신치토세 공항에서는 거리가 멀기 때문에 하네다 공항(도쿄)을 경유해 도동 지역으로 이동하는 것이 효율적이다. 자유여행에 초행자라면 전문 여행사의 도움을 받는 것도 좋다. 현지 이동은 렌터카를 추천한다.

1일차
하네다 공항 — 구시로 공항 — 와쇼 시장 — 구시로 피셔맨즈 워프 무

2일차
구시로 습원 — 아칸 호수 아이누코탄 — 아칸 호수 관광 기선 — 아칸 호수 — 료칸 숙박

3일차
가와유 온천, 이오잔 — 굿샤로 호수 — 마슈 호수 — 하늘로 이어진 길 — 시레토코 숙박

4일차
시레토코 자연 센터 — 후레페의 폭포 — 시레토코 5호 — 오호츠크 유빙관 — 아바시리 숙박

5일차
박물관 아바시리 감옥 — 메만베쓰 공항 — 하네다 공항

DAY 1

 (경유)1시간 35분

하네다 공항   구시로 공항

렌터카 대여

자동차 30분

 자동차 5분

구시로 피셔맨즈 워프 무   와쇼 시장

DAY 2

숙소 체크아웃

자동차 30분

구시로 습원

자동차
1시간 30분

아칸 호수 관광 기선

자동차 2분
or 도보 4분

아칸 호수 아이누코탄

자동차 10분

아칸 호수(드라이브)

자동차 20분

료칸 가이세키 요리

온천 및 휴식

DAY 3

료칸 체크아웃

자동차
1시간

가와유 온천, 이오잔

자동차
20분

굿샤로 호수(드라이브)

자동차
30분

시레토코 숙소

자동차
30분

하늘로 이어진 길

자동차
1시간 30분

마슈 호수(제 1전망대)

DAY 4

시레토코 자연 센터

도보 15분

후레페의 폭포

자동차 20분

아바시리 숙소

자동차 10분

오호츠크 유빙관

자동차 2시간

시레토코 5호

DAY 5

박물관 아바시리 감옥

자동차 30분

메만베쓰 공항

(경유)50분

하네다 공항

Hokkaido

지역 여행

홋카이도

HOKKAIDO

삿포로

札幌

일본에서 다섯 번째로 큰
매력적인 시티 여행지, 삿포로

홋카이도 원주민 언어 아이누 어로 '메마르고
큰 강'이라는 의미를 가진 삿포로는, 실제로
도요히라 강, 이시카리 강이 지나고 과거 이
강물이 거의 메마를 만큼 건조해지기도 했었
다. 행정 구역상 삿포로는 홋카이도청 소재
지면서 일본에서 다섯 번째로 큰 도시며 여
행객들이 많이 방문하는 곳이다. 특히 여름철의 삿포로
는 시원한 바람이 불고, 겨울이 되면 눈 축제로 온통 하
얀 세상이 펼쳐진다. 자연의 풍요로움과 시티 여행의 매
력을 모두 느낄 수 있는 삿포로는 홋카이도 여행의 중심
도시다.

삿포로 BEST COURSE

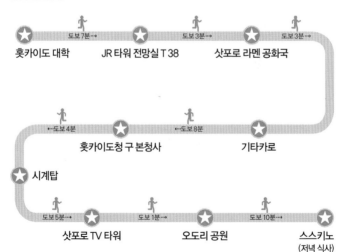

홋카이도 대학 — 도보 7분→ — JR 타워 전망실 T 38 — 도보 3분→ — 삿포로 라멘 공화국 — 도보 3분→

←도보 4분 — 홋카이도청 구 본청사 — ←도보 8분 — 기타카로

시계탑

삿포로 TV 타워 — 도보 5분→ — 오도리 공원 — 도보 1분→ — 스스키노 — 도보 10분→
(저녁 식사)

삿포로

기타주하치조역
北18条駅

포플러 나무 가로수 길
ポプラ並木

히가시쿠야쿠쇼마에역
東区役所前駅

기타주산조히가시역
北13条東駅

기타주니조역
北12条駅

JR 타워 전망실 T38
회전 초밥 네무로 하나마루
스트리머 커피 컴퍼니
프랑프랑
미야코시야 커피
산리오 리프트 게이트
삿포로 라멘 공화국
돈가스 다마후지
기타카로
쌋나하치
이노다 커피

아리오 삿포로
アリオ札幌

삿포로 가든 파크
札幌ガーデンパーク
삿포로 맥주 박물관
サッポロビール博物館
삿포로 맥주원
サッポロビール園

홋카이도 대학
北海道大学

에루무노모리
エルムの森

클라크 식당
クラーク食堂

JR 삿포로역
JR 札幌駅

JR 타워
JR Tower

시로이 코이비토 파크
白い恋人パーク

기타노 구루메테이
北のグルメ亭

넛츠 리조트 듀오
Nuts Resort Duo

삿포로역
さっぽろ駅

삿포로 라멘 공화국
札幌ら～めん共和国

삿포로 팩토리
Sappro Factory

렌가칸
レンガ館

피칸테 Picante

오쿠하라류 쿠라
奥原流 久楽

홋카이도청 구 본청사
北海道庁旧本庁舎

카페 요시미
Cafe Yoshimi

기타카로 삿포로 본관
北菓楼 札幌本館

기타카로
北菓楼

시계탑
時計台

삿포로 시청 전망 회랑
札幌市役所 展望回廊

삿포로 TV 타워
札幌テレビ塔

바쇼센타마에역
バスセンター前駅

삿포로시 자료관
札幌市資料館

오도리 공원
大通公園

오도리 공원

오도리역
大通駅

디시욘초메역
西4丁目駅

삿포로 엔진
札幌 炎神

라이프슈바이즈
LEIBSPEISE

니시주잇초메역
西11丁目駅

바리스타트 커피
Baristart Coffee

돈키호테
ドン・キホーテ

니조 시장
二条市場

니시핫초메역
西8丁目駅

비어 바 노스 아일랜드
Beer Bar NORTH ISLAND

다누키코지역
狸小路駅

다누키코지 상점가
狸小路商店街

수프 카레 가라쿠
スープカレー GARAKU

오쿠야쿠쇼마에역
中央区役所前駅

니시주고초메역
西15丁目駅

도나베 함바그 호쿠토세이
土鍋ハンバーグ 北斗星

노르베사
Norbesa

홋카이도 비루엔
北海道ビール園

시세이칸쇼갓코마에역
資生館小学校前駅

가센잇센
活一鮮

호시이스스키노역
豊水すすきの駅

에비카니 갓센 삿포로 본점
えびかに合戦 札幌本店

스스키노역
すすきの駅

스스키노역
すすきの駅

가이센 바이킹 난다
海鮮バイキング難陀

삿포로 징기스칸 본점
さっぽろジンギスカン 本店

스스키노의 역
すすきの駅

원조 삿포로 라멘 요코초
元祖さっぽろラーメン横丁

우미 하치쿄 본점
海味はちきょう 本店

다루마 본점
だるま 本店

데시카가 라멘
弟子屈らーめん

니시센로쿠조역
西線6条駅

히가시혼간지마에역
東本願寺前駅

호류
寶龍

난코엔
なんこう園

야마하나쿠조역
山鼻9条駅

나카지마코엔역
中島公園駅

기린 맥주원
キリンビール園

니시센조아사히야마
코엔도리역
西線9条旭山公園通駅

가쿠엔마에역
学園前駅

니시센주이치조역
西線11条駅

나카지마코엔도리역
中島公園通駅

나카지마 공원
中島公園

교케이도리역
行啓通駅

삿포로 찾아가기

홋카이도의 정치, 경제의 중심이 되는 대표 도시로, 홋카이도의 여러 지역에서 고속버스와 열차를 이용해 삿포로를 찾아갈 수 있다. 삿포로의 국제선, 국내선 공항의 명칭은 신치토세 공항新千歳空港이며, 시내에서 45km 떨어져 있다.

 ## 공항에서 삿포로 시내까지

쾌속 에어포트
快速エアポート

신치토세 공항에서 쾌속 에어포트 열차快速エアポート를 이용하면 삿포로까지 환승 없이 이동할 수 있다. 요금은 1,070엔이며 최단 소요시간은 약 37분이다. 보다 편안한 지정석인 U-seat를 이용할 경우 520엔이 추가된다. 쾌속 에어포트 열차 중 일부는 삿포로에서 정차 후 오타루까지 운행한다.

신치토세 공항 新千歳空港 ★	삿포로 札幌 ★	미나미오타루 南小樽 ★	3분, 170엔, 쾌속·보통 열차 오타루 小樽 ★

쾌속 에어포트 快速エアポート	약 37분, 1,070엔, 15분 간격 운행	약 36분, 640엔, 30분 간격 운행	
최단 소요 시간 73분, 1,590엔, 30분 간격 운행			
	보통 열차 普通列車	약 50분, 640엔, 3~5분 간격 운행	

리무진 버스
リムジンバス

신치토세 공항에서 삿포로까지는 두 개 노선의 리무진 버스가 운행한다. 두 개 노선 모두 공항 바로 옆의 미쓰이 아웃렛을 경유해서 삿포로 시내로 이동하며, 스스키노를 지나 삿포로역까지 이동한다. 삿포로 그랜드 호텔, 호텔 레솔 트리니티 삿포로, 호텔 선루트 뉴 삿포로, 게이오 플라자 호텔 삿포로, 로이톤 삿포로 호텔, 삿포로 프린스 호텔은 리무진 버스가 정차한다. 리무진 버스 요금은 1,030엔으로 동일하며, 도로 상황에 따라 70~90분이 소요된다.

 ## 홋카이도 주요 도시에서 삿포로까지

오타루 ➡ 약 36분 소요 (640엔)
노보리베쓰 ➡ 약 1시간 10분 소요 (4,480엔)
도야 ➡ 약 1시간 50분 소요 (5,920엔)

하코다테 ➡ 약 3시간 40분 소요 (8,830엔)
구시로 ➡ 약 4시간 소요 (9,370엔)
아바시리 ➡ 약 5시간 30분 소요 (9,910엔)

삿포로 시내교통

삿포로 시내 중심은 바둑판처럼 반듯한 계획 도시다. 거리에는 버스와 노면 전차가 달리고, 지하에는 3개의 지하철 노선이 운행한다.

지하철
地下鉄

남북으로 가로지르는 난보쿠 선南北線과 도호 선東豊線, 동서로 가로지르는 도자이 선東西線 세 개의 노선이 있으며, 난보쿠 선과 도호 선은 삿포로역을 중심으로 하고 있다. JR 삿포로역은 한자로 '札幌'로 표기하고, 지하철역은 히라가나 'さっぽろ'로 표기한다. 여행객들이 가장 많  이 이용하는 구간은 삿포로에서 스스키노すすきの 구간(두 정거장)이며, 마루야마 공원, 시로이 코이비토 파크, 삿포로 돔 등으로 갈 때도 지하철을 이용한다.

운행 시간 6:00~24:00(기점 출발 시간 기준) **요금** 200엔(2~3정거장), 250엔(3~5정거장)/ 200~370엔(거리에 따라)

노면 전차
路面電車

1918년 개업 후 10개가 넘는 노선이 운행되기도 했던 삿포로 노면 전차 시덴市電. 현재는 오도리 공원 남서쪽의 스스키노 일대를 중심으로 운행하고 있어, 모이와 산을 가는 경우가 아니라면 여행객들이 이용하는 경우는 드물다. 하지만 노면 전차가 만드는 낭만적인 풍경은 사진을 찍는 것만으로 즐겁다.

운행 시간 6:30~23:30(기점 출발 시간 기준) **요금** 170엔(1회 탑승)

시내버스
市内バス

단기간 여행에서 버스를 이용하는 것은 쉽지 않다. 삿포로 시내 여행 중 버스를 이용하는 것이 편한 경우는 맥주 박물관이 있는 삿포로 가든 파크로 가거나, 개척사 맥주가 있는 삿포로 팩토리로 갈 때 정도다.

운행 시간 6:30~23:00 **요금** 210엔~

※참고
삿포로 가든 파크 삿포로역 남쪽 출구에서 순환88(環88)번 버스, 삿포로역 북쪽 출구에서 188번, 히가시63(東63)번 버스 이용 (요금 210엔)
삿포로 팩토리 삿포로역 남쪽 출구에서 순환88(環88)번 버스 이용 (요금 210엔)

 삿포로에서 유용한 패스

📍 **지하철 전용 1일 승차권** 地下鉄専用1日乗車券
삿포로 시내 지하철을 하루 동안 무제한 탑승할 수 있는 티켓이다.
구입 장소 지하철 자동 발매기, 역 사무소 **가격** 830엔(성인), 420엔(어린이)

📍 **도니치카킷푸** ドニチカキップ
지하철 전용 1일 승차권과 동일하며, 토요일과 일요일, 공휴일에만 이용할 수 있다.
구입 장소 지하철 자동 발매기, 역 사무소 **가격** 520엔(성인), 260엔(어린이)

JR 삿포로역과 함께 생활 중심지로 우뚝 솟은 곳

JR 타워 JR TOWER [제이아·루 타워]

주소 札幌市北区北5条西2丁目 **위치** 스스키노(すすきの)역에서 도보 15분 **시간** 10:00~21:00(아피아 쇼핑), 11:00~21:30(레스토랑) / 10:00~21:00(에스타, 파세오 쇼핑), 11:00~22:00(레스토랑) / 10:00~21:00(스텔라 플레이스 쇼핑), 11:00~23:00(레스토랑) *무료 와이파이 있음 **홈페이지** www.jr-tower.com

삿포로와 공항을 연결하는 JR 열차 역이자 삿포로 시내로 뻗어가는 지하철역이고, 삿포로 고속버스 터미널이 있는 그야말로 교통의 중심이라 할 수 있는 JR 삿포로 주변을 둘러싸고 백화점과 쇼핑몰이 우뚝 솟은 곳이 바로 JR 타워다. 삿포로에서 우리나라로 가는 항공편 시간의 대부분이 애매한 오후 시간대이기 때문에 숙소에서 체크아웃을 하고, 짐을 들고 다른 관광지를 돌아다니기보다 이곳에서 식사를 하거나 가볍게 쇼핑을 하고 공항으로 가는 열차를 이용하는 것이 좋다.

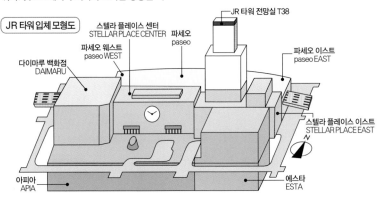

JR 타워 입체 모형도

스텔라 플레이스 센터 STELLAR PLACE CENTER
파세오 paseo
파세오 웨스트 paseo WEST
다이마루 백화점 DAIMARU
파세오 이스트 paseo EAST
스텔라 플레이스 이스트 STELLAR PLACE EAST
JR 타워 전망실 T38
아피아 APIA
에스타 ESTA

파세오 웨스트
paseo WEST

지하 1층, 1층 레스토랑 & 카페

파세오 센터
paseo CENTER

지하 1층 패션 & 잡화

파세오 이스트
paseo EAST

지하 1층, 1층 패션 & 잡화

스텔라 플레이스 센터
STELLA PLACE CENTER

지하 1층 뷰티, 패션용품
1~5층 패션 & 잡화
6층 식당가(플레이스 다이닝)
7층 극장
9층 레스토랑 미쿠니

스텔라 플레이스 이스트
STELLA PLACE EAST

지하 1층 패션 & 잡화
1층 Gap/Gap Kids, PAUL
2층 패션 & 잡화(여성)
3층 패션 & 잡화(여성), 생활, 인테리어
4층 패션 & 잡화(남성)
5층 산세이도 서점
6층 MUJI, 미용실, 안과

에스타
ESTA

지하 1층 레스토랑 & 카페
1~4층 빅 카메라(전자 제품)
5~8층 패션 & 잡화
9층 게임 센터, 포켓몬 센터 삿포로
10층 삿포로 라멘 공화국
11층 옥상 정원(소라노가덴)

TIP JR 타워 웰컴 쿠폰
JR 타워의 쇼핑몰, 아피아·에스타·파세오·스텔라 플레이스 4곳의 인포메이션 데스크에서, 여권이나 홋카이도 레일 패스를 제시하는 방일 외국인 여행자를 한정으로 2,000엔당 100엔 할인 쿠폰을 10매 제공한다. 쇼핑뿐 아니라 레스토랑에서도 사용할 수 있어 매우 유용하다.

👁 JR 타워 전망실 T38 JRタワー展望室 T38 [제이아루타와- 텐보시츠 T38]

위치 JR 삿포로(札幌)역에서 바로 연결 **시간** 10:00~23:00 **요금** 720엔(성인), 500엔(중학생, 고등학생) **전화** 011-209-5500

삿포로역과 연결돼 있는 JR타워는 홋카이도에서 가장 높은 건물이며, 최상층에는 특급 호텔인 JR 타워 호텔 닛코 삿포로와 함께 전망대 T38이 있다. 지상 160m에서 삿포로 시내 풍경과 북쪽의 이시카리 만 건너편의 수평선 풍경까지 볼 수 있다. 특히 화장실에서 보는 풍경이 가장 아름다운 것으로 유

명한 재미있는 전망대다.

🍴 회전 초밥 네무로 하나마루 回転寿司 根室花まる [카이텐즈시 네무로 하나마루]

위치 스텔라 플레이스 센터 6층 **시간** 11:00~23:00 **휴무** 연중무휴 **전화** 011-209-5330

일본의 최동단, 신선한 해산물로 가득한 홋카이도의 네무로 항구에서 시작된 회전 초밥집으로, 삿포로에 5개 매장이 있다. 접시에 따라 가격이 다르며 제일 저렴한 접시는 세금 포함해서 140엔이다. 해산물이 풍부한 지역답게 다른 도시의 회전 초밥과 비교하면 네타(초밥 위의 생선)의 신선도도 훌륭하고 큼직하게 잘 나온다.

☕ 스트리머 커피 컴퍼니 STREAMER COFFEE COMPANY [스트리-마- 코-히- 캄파니-]

위치 스텔라 플레이스 센터 4층 **시간** 10:00~21:00 **전화** 011-209-5159

주문을 하면 전문 바리스타가 상징과도 같은 나뭇잎 모양의 라테 아트를 만들어 준다. 2008년 프리 푸어 라테 아트(우유를 부으면서 만드는 라테아트) 챔피언십에서 아시아 최초로 세계 챔피언에 오른 사와다 히로시澤田洋史가 만들어 커피 마니아들에게 많은 지지를 얻고 있다. 모양뿐 아니라 진한 카페 라테의 맛도 좋고 쇼핑몰 내에 있어 잠시 휴식하기에도 좋다.

🏛 프랑프랑 franc franc [후랑후랑]

위치 파세오 센터 지하 1층 **시간** 10:00~21:00 **전화** 011-261-5480

'솔직한, 자유로운'이라는 뜻의 프랑스어에서 따온 프랑프랑은 캐주얼한 느낌의 인테리어·패브릭 소품 전문점이다. 모던하고 참신한 디자인으로 100엔 숍이나 300엔 숍 같은 균일가 숍보다는 비싸고 백화점이나 다른 전문 브랜드 숍보다는 저렴하다. 디즈니사와 제휴해 미키마우스 식판과 머그컵 등을 출시하며 매 시즌마다 새로운 컬렉션을 발표한다. 커피잔, 커틀러리 등이 인기가 좋다.

☕ 미야코시야 커피 宮越屋珈琲 [미야코시야코-히-]

위치 파세오 웨스트 1층 **시간** 7:30~22:00 **전화** 011-213-5606

누구에게나 쉽게 다가갈 수 있는 최고로 맛있는 커피를 목표로 한 커피 전문점이다. 미야코시야만의 독자적인 로스팅 기술로 풍부한 아로마와 중후한 깊이감을 끌어낸 커피를 즐길 수 있다. 다양한 싱글 오리진 커피와 저렴한 테이크아웃 전용 메뉴가 공략 포인트다.

🏛 산리오 기프트 게이트 Sanrio Gift Gate [산리오 기후토 게이토]

위치 아피아 지하 1층 **시간** 10:00~21:00 **전화** 011-209-1320

거대한 헬로키티가 맞이해 주는 캐릭터 숍이다. 헬로키티, 마이멜로디, 구데타마, 폼폼푸린 등의 산리오 캐릭터 굿즈를 만나볼 수 있다. 디자인 문구에서 의류나 패션 잡화, 여행용 캐리어까지 다양한 아이템을 갖추고 있어 아이들은 물론 캐릭터 마니아에게도 인기다. JR 삿포로역의 시계를 바라보고 우측의 아피아로 내려가는 계단을 이용하면 매장을 보다 쉽게 찾을 수 있다.

🍴 삿포로 라멘 공화국 札幌ら〜めん共和国 [삿포로 라−멘 쿄−와코쿠]

위치 에스타 10층 **시간** 11:00~22:00 **휴무** 연중무휴 **요금** 입장무료 **전화** 011-209-5031

홋카이도의 유산으로 선정되기도 한 홋카이도 라멘을 테마로 한 푸드 테마파크다. 연간 100만 명이 넘는 사람이 찾는 곳으로, 홋카이도의 인기 라멘집 체인 8곳과 기념품 가게가 영업하고 있다. 8곳의 라멘집은 서로 다른 계약 기간으로 입점하고 있으며, 계약 기간이 종료되면 다른 곳으로 바뀌기도 한다. 2004년부터 2016년까지 라멘 공화국에 입점한 곳은 40곳으로, 홋카이도가 아닌 다른 지역의 라멘집도 있었다. 라멘을 맛보는 것도 좋지만 1930년대 분위기를 재현하고 있는 분위기도 경험할 수 있는 즐거운 곳이다.

---

 inside 라멘 공화국

아사히카와 바이코겐 旭川ラーメン 梅光軒 [아사키카와라−멘 바이코−겐]

돼지 뼈와 다시마, 멸치 등 어패류를 사용한 더블 소스에 야채의 맛을 더한 아사히카와 라멘가게 바이코겐의 매장이다. 바이코겐의 창업(1966년) 당시의 레시피를 재현한 특선 쇼유 라멘은 아사히카와 본점에서도 판매하지 않는 라멘 공화국 한정 메뉴다. 다른 라멘 메뉴는 쇼유(간장), 시오(소금), 미소(된장) 등 기본 수프에서 맛을 선택할 수 있다. 특선 쇼유 라멘은 830엔, 치즈 교자는 460엔이다.

시라카바 산소 白樺山荘 [시라카바 산소]

인기 라멘집으로는 20년이 채 되지 않은 비교적 짧은 역사를 가지고 있지만, 삿포로 라멘 공화국에는 2005년 입점 이후 10년 넘게 인기를 유지할 만큼 맛집이다. 진한 국물의 미소 라멘(800엔), 매운 미소 라멘 辛口味噌ラーメン(880엔)이 인기 메뉴로, 삶은 계란은 무료로 추가할 수 있다.

면주방 아지사이 麺厨房あじさい [멘츄보 아지사이]

80년이 넘도록 하코다테 대표 라멘집으로 자리 잡고 있는 아지사이는 시오(소금) 라멘을 메인으로 하고 있다. 홋카이도 라멘집의 대부분이 미소 라멘을 메인으로 하고 있는 것과는 다른 점이 포인트다. 진한 미소라멘과는 달리 담백한 맛을 즐길 수 있다.

🍴 돈가스 다마후지 とんかつ玉藤 [톤카츠 타마후지]

위치 에스타 10층 **시간** 11:00~22:00 **전화** 011-213-2707

60년 이상 이어 온 장인이 만들어 내는 돈가스 맛집이다. 계약된 농가에서 들여오는 품질 좋은 돼지고기를 사용해 18일간 숙성시켜 부드럽고 고소한 맛이 특징이다. 돼지 고기뿐 아니라 제공되는 밥도 일본을 대표하는 고시히카리 쌀과 발아 현미, 건강 곡물을 섞는 등 재료 선택부터 깐깐하게 신경 쓰고 있다. 가격대가 조금 높은 편이지만 제대로 만든 맛있는 돈가스를 맛볼 수 있다.

🍰 기타카로 北菓楼 [키타카로]

위치 다이마루 백화점 지하 1층 **시간** 10:00~20:00 **전화** 011-271-7161

기타카로의 다른 매장에서는 볼 수 없는, 다이마루 백화점 한정 메뉴인 C컵 푸딩(297엔)과 F컵 푸딩(378엔)을 판매하고 있다. C컵 푸딩은 크림치즈와 시폰케이크, 푸딩이 컵에 담겨져 있는 것으로, 섞으면 섞을수록 맛이 있다. F컵 푸딩은 C컵 푸딩 안에 과일이 듬뿍 들어가 있으며 계절에 따라 기간 한정 메뉴도 출시된다.

🍴 쓰나하치 つな八 [츠나하치]

위치 다이마루 백화점 8층
시간 11:00~22:00 **전화** 011-828-1266

도쿄 신주쿠에 본점을 둔 덴푸라天ぷら (튀김 요리) 전문점으로, 90년 이상 전해 내려 온 쓰나하치만의 기술로 만든 튀김을 맛볼 수 있다. 신선한 해산물과 제철 야채에 얇은 튀김옷을 입혀 단순하면서도, 일본 특유의 섬세한 감성을 담고 있다. 계절에 따라 다양한 맛이 첨가된 소금과 덴쓰유도 함께 제공된다. 튀김 정식天麩羅膳은 2,484엔, 튀김 덮밥天丼은 2,484엔이다.

☕ 이노다 커피 イノダコーヒ [이노다코-히-]

위치 다이마루 백화점 7층
시간 10:00~20:00 **전화** 011-271-7712

교토에서 시작된 커피 전문점으로, 일본의 커피숍 랭킹에서 늘 빠지지 않는 곳이다. 인기 메뉴는 아라비아노 신주アラビアの真珠(아라비아의 진주) 라는 오리지널 블렌드 커피로, 진한 향과 강한 산미가 특징이다. 70년 넘는 전통이 있으며 클래식한 디저트나 가볍게 식사를 할 수 있는 토스트, 샌드위치 메뉴도 있다. 커피는 545엔, 케이크 세트는 950엔, 브런치 세트는 1,200엔이다.

홋카이도를 상징하는 건물
홋카이도청 구 본청사 北海道庁旧本庁舍 [홋카이도쵸- 큐-혼쵸-샤]

주소 札幌市中央区北3条西6丁目 **위치** JR 삿포로(札幌)역에서 도보 8분 **시간** 8:45~18:00 **휴관** 연말연시 **요금** 무료 **전화** 011-204-5019

붉은 벽돌이라는 뜻의 약어 '아카렌가赤れん が'라 불리는 구 홋카이도 도청사는 1888년에 세워진 미국식 네오바로크 양식의 건축물이다. 홋카이도 개척 당시 행정 중심이 됐던 곳으로, 지금은 홋카이도의 역사를 살펴볼 수

있는 자료를 전시하고 역대 장관과 지사의 집무실 등을 재현하고 있다. 정원은 계절에 따라 꽃밭, 커다란 눈사람이 세워지는 눈밭으로 관광객을 맞이하고 있다.

> **TIP 아카이 호시 赤い星**
> 구 도청 건물 입구와 삿포로 시계탑에 동일하게 그려져 있는 붉은 별은 홋카이도 개척사의 상징이다. 개척사의 깃발에도 별이 그려져 있었으며, 삿포로 맥주 캔과 병에도 이용됐다.

지중해 리조트 콘셉트의 세련된 레스토랑
넛츠 리조트 듀오 NUTS RESORT DUO [넛츠 리조-토 듀오]

주소 札幌市中央区北3条西4丁目 1-1日本生命札幌ビル **위치** ① JR 삿포로(札幌)역에서 도보 5분 ② 홋카이도청 구 본청사 바로 앞 **시간** 11:30~15:00, 17:00~23:00(주말, 공휴일 11:30~21:00) **가격** 500엔(2L 석화 튀김), 1,200엔(에이징 비프 스튜 그라탱), 1,200엔(토로린 돈가스) **전화** 011-210-5000

삿포로의 핫 플레이스로 급부상한 홋카이도청 구 본청사 앞에 자리한 세련된 분위기의 지중해풍 레스토랑이다. 본격적인 오이스터 바, A4 등급 도카치 소고기와 자사 브랜드 돼지고기 토로린을 활용한 다양한 요리를 합리적인 가격에 선보이고 있다.

오므라이스와 팬케이크 맛집

카페 요시미 CAFE YOSHIMI [가훼- 요시미]

주소 札幌市中央区北2条西4丁目1番地 赤れんがテラスB1F **위치** ❶ JR 삿포로(札幌)역에서 도보 8분 ❷ 홋카이도청 구 본청사 바로 앞 **시간** 7:30~23:30 **전화** 011-205-0285

홋카이도를 중심으로 활동하고 있는 인기 셰프 가쓰야마 요시미勝山良美가 운영하는 레스토랑으로, 인테리어는 홋카이도 출신의 유명 건축가 나카야마 마코토中山眞琴의 작품이다. 브런치 메뉴인 오므라이스(780엔)와 폭신한 수플레 팬케이크(880엔)가 인기다. 디저트와 식사 메뉴도 다양하게 갖추고 있고 홋카이도산 우유의 진한 맛을 느낄 수 있는 소프트아이스크림(300엔)도 유명하다.

삿포로를 상징하는 하얀 시계탑

시계탑 時計台 [토케이다이]

주소 札幌市中央区北1条西2丁目 **위치** ❶ JR 삿포로(札幌)역에서 도보 10분 ❷ 홋카이도청 구 본청사에서 도보 6분 **시간** 8:45~17:10 **휴관** 1월 1~3일 **요금** 200엔(성인) **전화** 011-231-0838

1878년 홋카이도 농학교(현재의 홋카이 대학)의 군사 훈련을 목적으로 지어진 건물로, 1881년 직경 1.6m의 시계가 설치됐다. 설치 당시 매 시각 울리는 종소리는 삿포로 어디에서나 들을 수 있었지만, 지금은 고층 빌딩이 주변을 둘러싸고 있어 아쉽게도 잘 들리지 않고 있다. 건물 전경을 사진에 담으려면 맞은편 건물 2층에 올라가자. 한편 내부 전시관에서는 삿포로의 역사를 소개하고 시계 모형 등을 전시하고 있다.

삿포로 거리를 내려다볼 수 있는 무료 전망대

삿포로 시청 전망 회랑 札幌市役所 展望回廊 [삿포로시야쿠쇼 텐보카이로]

주소 札幌市中央区北1条西2丁目 **위치** ❶ JR 삿포로(札幌)역에서 도보 15분 ❷ 지하철 오도리(大通)역에서 도보 1분 **시간** 9:30~16:30(4월 말부터 10월 말까지만 오픈, 눈 축제 기간 평일 오전 10시부터 오후 4시 특별 오픈) **요금** 무료 **전화** 011-211-2111

우리나라 대전광역시의 자매 도시인 삿포로 시의 시청. 삿포로 올림픽 개최 1년 전인 1971년에 건설된 19층의 시청사 옥상에는 시내를 내려다볼 수 있는 전망 회랑이 있다. 북쪽으로는 JR 삿포로 타워가 보이고 시계탑 을 위에서 내려다볼 수 있으며 남쪽으로는 오도리 공원과 삿포로 TV 타워 그리고 멀리 모이와 산과 삿포로 돔 등이 보인다.

여러 명이 함께 가기 좋은 미소 라멘집

오쿠하라류 쿠라 奧原流 久楽 [오쿠하라류 쿠라]

주소 札幌市中央区北2条西1丁目10 **위치** ❶ JR 삿포로(札幌)역에서 도보 7분 ❷ 지하철 오도리(大通)역 31번 출구에서 도보 5분 **시간** 11:00~다음 날 2:00 **홈페이지** www.ramen-kura.jp **전화** 011-251-8824

콩보다 쌀을 많이 넣어서 담백한 맛의 시로미소白 味噌, 대두만 이용해 만 들어 진한 향이 나는 아 카미소赤味噌 등 미소의 종류도 선택할 수 있는 미소 라멘 전문점이다. 테이블 수가 많아 가족 여 행, 단체 여행객이 가기에도 좋고 하프 사이 즈의 라멘과 덮밥 등 다양한 메뉴를 갖추고 있 다. 미소 라멘은 850엔, 하프 사이즈ハーフ麺 는 500엔이다.

역시 깊은 건물 속 아름다운 디저트 카페

기타카로 삿포로 본관 北菓楼 札幌本館 [키타카로 삿포로 혼칸]

주소 北海道札幌市中央区北1条西5丁目1-2 **위치** 지하철 오도리(大通)역에서 도보 5분 **시간** 10:00~18:00 (1층 숍), 10:00~17:00(2층 카페: 식사 메뉴는 11:00~14:00에만 주문 가능) **홈페이지** www.kitakaro.com **전화** 0800-500-0318

홋카이도를 대표하는 디저트 브랜드 중 하나인 기타카로의 삿포로 본관이다. 1926년 홋카이도청립 도서관으로 건립 후, 도립 문서관 별관으로 사용했던 역사 깊은 건물을 리모델링했다. 1층은 숍, 2층은 카페로 운영하고 있으며, 카페 공간에는 이전에 도서관이었던 것을 계승해 한쪽 벽 전면을 책장으로 디자인하여 카페 이용객이 자유롭게 책을 열람할 수 있게 했다. 카페에서는 디저트는 물론, 런치 타임에는 오므라이스나 파스타 등 가벼운 식사 메뉴도 판매한다.

관광객들도 많이 찾는 일본의 명문대

홋카이도 대학 北海道大学 [홋카이도 다이가쿠]

주소 札幌市北区北8条西5丁目 **위치** JR 삿포로(札幌)역 북쪽 출구에서 도보 7분 **전화** 011-716-2111

호쿠다이北大라 불리는 홋카이도 대학은 1918년 일본에서 다섯 번째로 생긴 대학이며, 현재도 국립 대학으로 명문대로 꼽힌다. 캠퍼스 내에 문화재로 등록된 건물들이 많고, 울창한 수목으로 둘러싸인 풍경 때문에 관광객들도 많이 찾고 있다. 홋카이도 대학의 전신인 홋카이도 농학교의 초대 학장인 윌리엄 S. 클라크 박사는 "소년이여, 야망을 가져라(Boys, be ambitious)."는 명언을 남긴 것으로 유명하다. 그의 흉상은 호쿠다이 캠퍼스에, 전신상은 히쓰지가오카 언덕에 있다.

🏛 에루무노모리

エルムの森 [에루무노모리]

위치 정문 바로 옆 **시간** 8:30~17:00 **휴무** 연말연시 **전화** 011-706-4680

홋카이도 대학 종합 인포메이션 센터. 여행객을 위한 산책 맵이나 학교 건물에 대한 상세한 안내문 등을 받을 수 있다. 함께 있는 에루무노모리 숍에서는 기념품이나 문구류 등 홋카이도 대학의 오리지널 상품을 판매하고 있다. 농축산 분야에 강한 학교답게 직접 만든 햄이나 니혼슈(일본 술) 등도 판매하고 있다. 로스햄 1개(650g)는 5,400엔이다.

📷 포플러 나무 가로수 길

ポプラ並木 [포푸라 나미키]

위치 정문에서 도보 10분

1910년대에 조성된 약 80m 거리의 포플러 나무 가로수 길은 많은 여행객이 홋카이도 대학을 찾는 이유 중 하나이며, 삿포로 시민들도 좋아하는 곳이다. 2004년 삿포로를 강타한 태풍 18호로 절반 이상의 나무가 쓰러진 후에는 피해 복구를 위해 출입이 금지되기도 했다. 하지만 이후 일본 전역에서 지원받은 70여 그루의 묘목이 심어지면서 다시 가로수 길을 산책할 수 있게 됐다.

🍴 클라크 식당

クラーク食堂 [쿠라-쿠 쇼쿠도-]

위치 정문에서 직진(도보 2분) **시간** 11:00~19:00(평일), 11:00~14:00(토) **휴무** 일요일, 공휴일 **전화** 011-726-4012

홋카이도 대학의 학생 식당 중 정문에서 가장 가깝고 클라크 동상 바로 옆에 있기 때문에 외부 방문객들의 이용이 가장 많은 식당이다. 라멘, 덮밥, 샌드위치, 튀김 등 다양한 메뉴를 판매하며 대부분 500엔 미만이라 가볍게 식사하기에 좋다. 일본의 맛집 사이트에도 등록돼 있고, 저렴한 가격 대비 좋은 음식으로 TV 프로그램 등에도 소개됐다.

맥주 박물관과 비어홀, 쇼핑몰이 모여 있는 복합 시설

삿포로 가든 파크 札幌ガーデンパーク [삿포로가-덴파-쿠]

주소 札幌市東区北7条東9丁目2-10 **위치 ❶** 지하철 삿포로(札幌)역 북쪽 출구 2번 승차장에서 히가시 63(東 63)번, 188번 버스 이용(소요 시간 7분, 210엔) **❷** 지하철 삿포로(札幌)역 남쪽 출구 도큐 백화점 남측에서 순환 88(環 88)번 버스 이용(소요 시간 10분, 210엔) **❸** 지하철 삿포로(札幌)역에서 도보 25분 **전화** 011-722-7326

100여 년 전에 개척사 맥주 공장이 있던 자리에 조성된 복합 상업 시설이다. 일본 유일의 맥주 박물관인 '삿포로 맥주 박물관'과 징기스칸ジンギスカン 요리로 유명한 '삿포로 맥주원', 바로 옆의 쇼핑몰 '아리오'까지 전체를 '삿포로 가든 파크'라 부른다.

📷 삿포로 맥주 박물관 札幌ビール博物館 [삿포로 비-루하쿠부츠칸]

위치 삿포로 가든 파크의 메인 건물 **시간** 11:30~20:00 **휴관** 12월 31일 **요금** 자유 견학 무료, 가이드 투어 (일본어) 500엔 **홈페이지** www.sapporobeer.jp/brewery/s_museum/kengaku

1890년 설탕 공장으로 지어졌다가 1903년부터 1960년까지는 삿포로 맥주 공장으로 이용된 역사를 가지고 있다. 국가 중요 문화재로 지정될 뻔했으나, 문화재로 지정되면 건물 내부를 마음대로 이용하기 어렵기 때문에 이를 거부했다. 일본 유일의 맥주 박물관으로, 삿포로 맥주의 시작과 현재의 일본 맥주까지 다양한 자료를 전시하고 있으며 자유 견학은 무료, 가이드 투어는 맥주 2잔 포함 500엔으로 진행된다. 맥주를 못 마실 경우 논알콜 맥주, 소프트 드링크 2잔으로 대신할 수 있다.

📜 TIP **유일한 맥주 박물관**

삿포로 팩토리에 있는 '개척사 맥주 주조소(견학관)', 삿포로와 오타루 중간에 있는 '오타루 맥주 제니바코 양조장' 등도 일반에 공개하고 있지만, 일본의 관련 법률상 박물관으로 지정된 곳은 삿포로 맥주 박물관 한 곳뿐이다.

🍴 삿포로 맥주원 札幌ビール園 [삿포로 비-루엔]

위치 맥주 박물관 건물 내 레스토랑 **시간** 11:30~22:00 **휴관** 12월 31일 **홈페이지** www.sapporo-bier-garten.jp/global

가운데가 솟아오른 전용 냄비에 양고기와 야채를 구워 먹는 홋카이도의 향토 요리 징기스칸으로 유명한 비어홀이다. 박물관이 있는 건물 2층과 3층의 켓세르홀, 1층의 트롬멜홀, 옆 건물의 라일락, 포플라관, 가든 그릴까지 총 5개의 레스토랑이 있다. 켓세르홀, 트롬멜홀, 포플러관은 100분간 징기스칸 뷔페食べ放題[다베호다이]를 2,900엔에, 음료나 주류 무제한飲み放題[노미호다이] 포함 시 3,900엔으로 이용할 수 있다. 트롬멜홀은 왕게와 대게, 초밥이 포함된 뷔페를 선택할 수 있으며 요금은 5,680엔이다. 뷔페 요금은 13세 이상 성인 기준이며, 7~12세는 반값이다.

🌐 아리오 삿포로 アリオ札幌 [아리오삿포로]

위치 삿포로 가든 파크 입구에서 도보 5분 **시간** 9:00~22:00(아리오 쇼핑몰) *상점에 따라 다름

아리오 삿포로 쇼핑몰은 대형 마트인 이토요카도イトーヨーカドー, 100엔 숍 캔두(can do), 유아용품 전문 매장인 토이저러스와 베이비저러스를 비롯해 다양한 테마의 상점과 패스트푸드 음식점, 카페 등이 있다.

삿포로 시내 중심을 가로지르는 공원

오도리 공원 大通公園 [오도리 코-엔]

주소 札幌市中央区大通西 **위치 ①** JR 삿포로(札幌)역에서 도보 10분 **②** 지하철 오도리(大通)역에서 연결 **홈페이지** www.sapporo-park.or.jp/odori

삿포로 시내를 남과 북으로 나누는 길이 1.5km, 폭 105m(양쪽의 도로 포함)의 도심 속 공원이다. 동쪽 끝에는 삿포로 TV 타워, 서쪽 끝에는 삿포로 시 자료관이 있고, 여름에는 삿포로 맥주 축제, 겨울에는 삿포로 눈 축제 장소로 이용되고 다양한 이벤트가 열려 많은 사람으로 늘 붐빈다. 삿포로가 계획 도시로 조성되면서 북쪽의 열차 역과 관공서가 있는 지역과 남쪽의 스스키노 주택가 사이에 혹시 불이 나더라도 번지지 않도록 방화선 역할도 하고 있다.

스페셜 가이드 오도리 공원 내

東

삿포로 TV 타워

시계탑 삿포로 시청 (무료 전망대) 交流 스스키노 번화가

삿포로역 앞 거리 지하철 오도리역 노면 전차
에키마에도리 駅前通り 大通駅 니시욘초메역
오아시스 西4丁目駅

아카렌가 (홋카이도청구 본청사)

北 만남

프론티어 지하철 니시핫초메역
西8丁目駅

지하철 니시주잇초메역 南
西11丁目駅 이시야마 거리
이시야마도리 石山通り

주오구야쿠쇼마에역
中央区役所前駅

삿포로 시
자료관

西

교류 交流, 니시 1~2초메

삿포로 TV 타워와 삿포로 시청 앞의 공원은 여러 나라에서 보내온 조각 작품들이 전시돼 있다.

오아시스 オアシス, 니시 3~5초메

아름다운 분수가 있는 지역으로, 2월 눈 축제 기간에는 많은 눈 조각 작품으로 꾸며진다. 다양한 조각 작품이 전시돼 있고, 분수와 조명으로 여행객들이 가장 많이 찾는 곳이다.

만남 つどい, 니시 6~9초메

조각가 이사무 노구치의 작품으로 예술을 가까이 접하고 즐길 수 있는 '블랙 슬라이드 만트라'를 비롯해 놀이 시설과 콘서트 공연장이 설치돼 있는 액티비티한 공간이다.

프론티어 フロンティア, 니시 10~11초메

삿포로 개척 당시 주요 인물들의 동상이 있는 지역이다. 맥주 축제로 유명하며, 삿포로와 자매 도시이기도 한 뮌헨에서 보내온 마이바움(축제 나무, 높이 25m)이 있다. 여름의 삿포로 맥주 축제 기간에는 독일인 마을을 콘셉트로 꾸며진다.

꽃 花, 니시 12~13초메

공원 가운데를 흐르는 폭 2m, 길이 82m의 수로 주변에 장미꽃이 많이 심어져 있어 여름에 가장 화려한 곳이다. 공원 끝에는 1926년 삿포로 재판소로 지어진 건물이 있다. 현재는 삿포로 시 자료관으로 이용되고 있다.

오도리 공원의 상징
삿포로 TV 타워 札幌テレビ塔 [삿포로 테레비토-]

주소 札幌市中央区大通西1丁目 **위치 ❶** JR 삿포로(札幌)역에서 도보 12분 **❷** 지하철 오도리(大通)역 27번 출구에서 도보 1분 **시간** 9:00~22:00 **요금** 일반 티켓: 720엔(성인), 600엔(고등학생), 400엔(중학생), 300엔(초등학생)/ 낮과 밤 티켓(3일간 유효): 1,100엔(성인), 800엔(고등학생), 600엔(중학생), 400엔(초등학생)/ 가시키리 플랜(2명 기준): 10,000엔(동계 21:50~22:00, 하계 22:20~22:50) **홈페이지** www.tv-tower.co.jp/kr *특별 할인 쿠폰 다운 가능(기간 한정 쿠폰) **전화** 011-241-1131

1956년 텔레비전 전파 송출을 위해 지어진 높이 147m의 전파탑이다. 3층에서 엘리베이터를 이용해 높이 90m의 전망대에 오르면 오도리 공원의 풍경과 함께 삿포로 시내를 360도 파노라마로 감상할 수 있다. 일본의 야경 유산으로 등록된 야경과 낮의 풍경 모두를 감상할 수 있도록 낮과 밤, 3일 이내에 2번 전망대에 오를 수 있는 티켓이 있다. 또한 영업시간 종료 후 30분간 둘만의 시간을 보내며 하프 사이즈 와인과 작은 선물을 제공하는 가시키리貸し切り(대관) 플랜도 있다.

국가 중요 문화재로 지정된 역사적 건물
삿포로시 자료관 札幌市資料館 [삿포로시 시료칸]

주소 札幌市中央区大通西13丁目 **위치** 삿포로 TV 타워에서 도보 25분 **시간** 9:00~19:00 **휴관** 월요일, 연말연시 **요금** 무료 **홈페이지** www.s-shiryokan.jp **전화** 011-251-0731

1926년 삿포로 재판소로 지어진 건물로 국가 중요 문화재로 지정됐다. 재판소로 이용되던 당시의 법정과 삿포로 출신 만화가인 오바 히로시와 관련된 자료를 전시하고 있다. 무료이기 때문에 부담 없이 둘러볼 수 있다.

옛 맥주 공장에 지어진 대형 쇼핑몰

삿포로 팩토리 SAPPORO Factory [삿포로 화쿠토리-]

주소 札幌市中央区北2条東4丁目 **위치 ❶** 지하철 삿포로(札幌)역 남쪽 출구 도큐 백화점 남측에서 순환 88(環88)번 버스 이용(소요 시간 10분, 210엔) **❷** 지하철 삿포로(札幌)역에서 도보 25분 **시간** 10:00~20:00(쇼핑), 10:00~22:00(레스토랑) **홈페이지** sapporofactory.jp **전화** 011-207-5000

일본인이 최초로 지은 맥주 공장인 개척사 맥주 주조(1876년, 삿포로 맥주의 전신)의 삿포로 제1 공장으로 이용되던 건물이다. 1989년 공장이 폐쇄된 이후 리뉴얼 작업을 통해 160여 개에 이르는 상점과 레스토랑이 있는 상업 시설로 오픈했다. 렌가칸을 포함해 총 6개의 건물로 이루어졌고, 시내 중심과는 거리가 있어 주말에는 붐비지만 평일에는 한가한 편이다.

 inside 삿포로 팩토리

렌가칸 レンガ館 [렝가칸]
위치 아트리움 옆 **시간** 10:00~22:00(삿포로 개척사 맥주 양조장·견학관), 11:00~22:00(비야케라 삿포로 개척사 맥주홀) **요금** 무료 견학(삿포로 개척사 맥주 양조장·견학관), 250엔(시음)

옛 공장의 모습을 간직하고 있는 빨간 벽돌 건물에는 홋카이도의 유명한 과자 전문점과 공예품을 파는 상점, 맥주 견학관이 있다. 140년 전 당시의 맥주를 재현한 개척사 맥주를 시음할 수 있으며, 1층에는 맥주홀인 비야케라 삿포로 개척사가 있다.

건물별 쇼핑 카테고리
지하1층 뷰티, 패션용품
1조관 극장, 게임 & 오락 시설, 키친라이프 쇼룸
2조관 아웃도어, 스포츠 브랜드
3조관 인테리어, 생활 잡화
프론티어관 고급 슈퍼마켓 도코스토어東光ストア
아트리움 카페, 레스토랑

산지 직송의 저지 우유 카페라테

바리스타트 커피 BARISTART COFFEE [바리스타-토 코-히-]

주소 札幌市中央区南1条西4丁目8番地フリーデンビル1F **위치** 지하철 오도리(大通)역 2번 출구에서 도보 2분 **시간** 9:00~19:00 **홈페이지** www.baristartcoffee.com **전화** 011-215-1775

홋카이도에서 유일하게 저지 우유를 사용하는 고집 강한 커피 숍이다. 카페라테와 가장 잘 어울리는 우유를 찾기 위해 오너가 직접 홋카이도 곳곳을 돌아다니며 엄선한 우유를 산지에서 직송한다. 도카치 지역 희귀 저지 우유, 계절의 신선한 우유, 몇 개의 우유를 혼합한 믹스 우유를 준비해 농후하고 고소한 우유 맛이 아주 좋다. 친절하고 밝은 오너와 바리스타가 만든 라테 아트도 인상적이다.

홋카이도 최고의 번화가

스스키노 すすきの [스스키노]

주소 札幌市中央区南４条西３丁目3-3 **위치 ❶** 지하철 스스키노(すすきの)역에서 바로 **❷** JR 삿포로(札幌)역에서 도보 20분

도쿄의 가부키초, 후쿠오카의 나카스와 함께 일본의 3대 유흥가로 꼽히는 곳으로, 7천 여 개의 다양한 상점으로 가득하다. 치안은 매우 좋은 편이지만 성인 업소와 인기 맛집이 한 건물에 있기도 한 독특한 지역이다. 참고로 스스키노역, 스스키노 교차로와 같은 명칭은 있지만 공식적인 지명으로 스스키노라는 곳은 없다. 삿포로가 처음 개척될 당시 이 지역을 홍등가로 조성하며 스스키노라고 부르기 시작해 지금까지 불리고 있다.

⊕ 다누키코지 상점가 狸小路商店街 [타누키코지 쇼텐가이]

주소 札幌市中央区南23条西1~7丁目 **위치** 지하철 스스키노(すすきの)역에서 도보 3분 **홈페이지** www.tanukikoji.or.jp

스스키노에 있는 아케이드 상점가로, 약 1km에 걸쳐 200여 개의 상점이 있다. 서민적인 분위기의 먹거리와 상품들이 늘어서 있고, 유리 지붕이기 때문에 날씨에 상관없이 시장 투어를 즐길 수 있다. 다누키코지는 '너구리 골목'의 의미로 해석할 수 있는데, 상점가 곳곳에서 너구리 캐릭터를 만날 수 있다.

⊕ 돈키호테 ドン・キホーテ [동키호-테]

주소 北海道札幌市中央区南2条西4-2-11 **위치** 지하철 스스키노(すすきの)역에서 도보 4분 **시간** 24시간 영업 **홈페이지** www.donki.com **전화** 011-207-8011

다누키코지 상점가에서 가장 붐비는 곳에 위치한 돈키호테는 일본 주요 지역에서 만나 볼 수 있는 할인 마트 체인점이다. 과자, 음료수, 식료품, 의약품, 의류에 이르기까지 다양한 제품을 판매하며 24시간 영업하기 때문에 편리하게 이용할 수 있다. 정리하지 않은 듯한 조금 어수선한 디스플레이와 큼직한 가격 표시, 펭귄 마스코트가 인상적이며 5,000엔 이상 구입하면 면세 혜택도 받을 수 있다.

⑪ 원조 삿포로 라멘 요코초 元祖さっぽろラーメン横丁 [간소 삿포로 라-멘 요코쵸]

주소 札幌市中央区南5条西3丁目 **위치** 지하철 스스키노(すすきの)역 3번 출구에서 도보 3분 **홈페이지** www.ganso-yokocho.com

1950년대 초반 골목길에서 8개의 라멘집이 모여 장사를 시작해 오던 것이 1971년 삿포로 라멘 요코초라 이름을 바꾸고 17개의 라멘집이 모인 명소가 됐다. 이곳이 인기를 얻자 근처에 4개의 라멘집이 모여 신新라멘 요코초가 생기기도 했다. 원조 라멘 요코초는 노란색 간판, 신라멘 요코초는 흰색 간판이다. 어느 곳이나 예스러운 분위기가 나고, 삿포로의 명물인 미소 라멘을 맛볼 수 있다.

 inside 원조 삿포로 라멘 요코초

데시카가 라멘 弟子屈らーめん [테시카가 라-멘]
위치 원조 삿포로 라멘 요코초 내 **시간** 10:00~15:30, 17:30~다음 날 3:00 **휴무** 연중무휴 **홈페이지** www.teshikaga-ramen.com **전화** 011-532-0007

해산물을 기본으로 하는 국물에 쇼유(간장)로 맛을 낸 라멘집이다. 가장 인기 있는 메뉴는 어패류 쇼유 라멘魚介しぼり醤油(800엔)이다. 쇼유 라멘 외에 미소 라멘으로는 게살을 넣은 카니미소 라멘カニ味噌らーめん(980엔), 큼직한 돼지고기 차슈가 들어간 한정 메뉴 야키톤미소焼豚味噌(920엔) 라멘 등이 있다.

🍴 삿포로 엔진 札幌 炎神 [삿포로 엔진]

주소 札幌市中央区南二条西4丁目4 **위치** 지하철 스스키노(すすきの)역 2번 출구에서 도보 3분 후 다누키코지 4초메 **시간** 11:00~23:00 **홈페이지** www.n43engine.com **전화** 011-206-9900

자동차 엔진이 생각나지만, 한자를 풀어 보면 '불꽃의 신'이라는 뜻이다. 1,300℃의 불꽃을 이용해 구워 내는 돼지고기 차슈에는 불 맛이 살아 있고, 닭 뼈, 족발, 가쓰오부시와 다시마로 우려낸 국물에 홋카이도의 미소를 넣어 맛을 살렸다. 대표 메뉴는 불꽃 미소 라멘炎の味噌ラーメン(780엔)과 돼지고기 차슈와 계란 등의 토핑이 추가된 엔진 라멘炎神ラーメン(980엔)이다.

🍴 도나베 함바그 호쿠토세이

土鍋ハンバーグ 北斗星 狸小路5丁目店 [도나베 함바-구 호쿠토세이]

주소 札幌市中央区南2条西5丁目 **위치** 스스키노(すすきの)역에서 도보 5분 후 다누키코지 5초메 **시간** 11:00~22:00 **전화** 011-233-0411

'흙으로 만든 나베'라는 의미의 도나베는 우리나라 뚝배기와 비슷하다. 도나베 안에 육즙 가득한 햄버그 스테이크와 호쿠토세이만의 소스를 함께 담아 소스가 농후하게 햄버그에 베일 때까지 불로 달구어 제공된다. 걸쭉한 소스는 구운 야채와 밥과도 잘 어울리고 밥과 샐러드는 무료 리필 가능하다. 베이컨과 치즈의 브라운 스튜 도나베 함바그角切りベーコン

と焦がしチーズのブラウンシチュー土鍋ハンバーグ(980엔)가가장 인기 메뉴다.

🍜 호류 寶龍 [호-류]

주소 札幌市中央区南6条西3丁目 **위치** 지하철 스스키노(すすきの)역 3번 출구에서 도보 5분 **시간** 18:30~다음 날 3:00(월), 10:30~다음 날 3:00(화~토), 10:30~다음 날 2:00(일, 공휴일) **홈페이지** www.houryu.co.jp **전화** 011-511-0403

1957년 창업 이후 줄곧 홋카이도를 대표하는 라멘집 중 하나로 불리는 곳이다. 매장 내에는 오래전부터 이곳을 찾은 각계 유명 인사들의 사인과 사진으로 가득하다. 품질 좋은 미소(된장)를 사용하기 위해 직접 공장까지 만들어 공급하고 있는데, 이 미소는 홋카이도 지사상을 받을 만큼 품질을 인정받았다. 미슐랭 가이드, 홋카이도 맛집 100선 등 다양한 수상 경력을 보유하고 있다.

🎡 노르베사 NORBESA [노루베사]

주소 札幌市中央区南3条西5丁目1-1 **위치** 지하철 스스키노(すすきの)역 2번 출구에서 도보 2분 **시간** 24시간 오픈(쇼핑몰), 상점(영업시간 다름), 11:00~23:00(대관람차 노리아 평일, 일요일), 11:00~다음 날 3:00(대관람차 노리아 금, 토, 공휴일) **요금** 600엔(대관람차 노리아 1바퀴), 800엔(대관람차 노리아 연속 2바퀴) *무료 와이파이 **전화** 011-271-3630

만화와 애니메이션 중고 매장인 만다라케まんだらけ(2층), 코스프레 전문점 스왈로우테일(swallowtail, 3층) 등의 상점이 있는 쇼핑몰이다. 스스키노에서 가장 눈에 띄는 이 건물의 옥상에는 대관람차가 있다. 직경 45.5m, 지상 78m 높이의 대관람차 노리아(nORIA)를 타면 약 10분간 스스키노를 비롯한 삿포로 시내의 풍경을 감상할 수 있다.

inside 노르베사

가쓰잇센 活一鮮 [카츠잇센]

위치 노르베사 지하 1층 **시간** 11:00~15:00, 16:30~23:00(토, 일, 공휴일 11:00~23:00) **전화** 011-252-3535

노르베사 지하에 있는 회전 초밥집으로, 최저가 108엔짜리 접시부터 시작된다. 매일 시장에서 매입해 오는 홋카이도의 해산물을 중심으로 신선한 스시와 홋카이도 전통 사케, 맥주 등을 판매하며 카운터석 외에도 흡연이 가능한 개별실도 갖추고 있다. 스시 외에도 덮밥, 튀김 등 식사와 안주 메뉴도 잘 갖추고 있다.

난코엔 なんこう園 [난코-엔]

주소 札幌市中央区南7条西5丁目 **위치** 지하철 스스키노(すすきの)역 4번 출구에서 도보 7분 **시간** 17:30~다음 날 3:30(평일), 17:00~다음 날 1:30(일, 공휴일) **홈페이지** www.fansfood.co.jp **전화** 050-5868-9272

일본식 곱창구이인 호르몬야키ホルモン焼き가 인기인 야키니쿠 전문점으로, 홋카이도식 양고기 요리인 징기스칸, 소고기 스테이크, 홋카이도 명물인 미소 소스로 양념한 다양한 야키니쿠 메뉴를 판매하고 있다. 재일 교포 3세가 운영하고 있어 한국어 메뉴판을 비롯해 김치와 소주(진로, 참이슬)까지 갖추고 있다. 소주는 1,050엔, 1인 식사 예산은 3,000엔 이상이다.

홋카이도의 3대 시장

니조 시장 二条市場 [니죠-이치바]

주소 札幌市中央区南3条東1丁目~東2丁目 **위치 ❶** 지하철 바스센타마에(バスセンター前)역에서 도보 3분 **❷** 지하철 오도리(大通)역에서 도보 15분 **시간** 7:00~18:00(재래시장), 6:00~21:00(식당) *상점에 따라 영업 시간 다름 **전화** 011-222-5308

삿포로에는 바다와 이어지는 강이 흐르고 있어 오래전부터 어시장이 형성돼, 20세기 초에 지금의 시장 모습을 갖추게 됐다. 하코다테의 아침 시장, 구시로의 와쇼 시장과 함께 홋카이도 3대 시장으로 불리는 니조 시장은 게, 성게, 연어 등 신선한 해산물이 중심이다. 100년 이상의 전통을 이어 온 재래시장의 활기찬 풍경도 즐기고 신선한 해산물을 바로 맛볼 수 있는 작은 식당들과 길거리 음식을 맛보는 것도 재미있다.

삿포로 맥주를 향한 기린 맥주의 도발

기린 맥주원 キリンビール園 [기린 비-루엔]

주소 札幌市中央区南10条西1丁目1-60 **위치** 지하철 나카지마코엔(中島公園)역에서 도보 3분 **시간** 11:30~22:00 **홈페이지** www.kirinbeer-en.co.jp *무료 와이파이 **전화** 011-533-3000

요코하마에 본사를 두고 있는 기린 맥주에서 운영하는 비어홀이 삿포로 한복판에 오픈했으니 바로 기린 맥주원이다. 1980년대 삿포로 최대 규모의 디스코텍 건물을 리뉴얼해 높은 천장과 무대가 인상적이며, 800명이 넘는 사람이 함께 식사할 수 있을 만큼 압도적인 규모를 자랑한다. 징기스칸(양고기)과 소고기 스테이크, 돼지 삼겹살 등 단품으로 주문할 수도 있으며, 90분간 무제한으로 식사할 수 있는 뷔페食ベ放題[다베호다이]로 주문할 수도 있다. 징기스칸과 삼겹

살 뷔페는 2,970엔, 징기스칸과 해산물구이 뷔페는 3,942엔이다.

일본 100대 도시 공원

나카지마 공원 中島公園 [나카지마 코-엔]

주소 札幌市中央区中島公園1 **위치** ❶ 지하철 나카지마코엔(中島公園)역에서 바로 ❷ 스스키노에서 도보 15분
휴무 연중무휴 **전화** 011-511-3924

삿포로 시 남쪽에 있는 공원으로 호수를 중심으로 산책로가 잘 조성돼 있다. 1880년 홋카이도 개척 기간에 이 지역을 방문하는 귀빈들을 맞이하기 위한 영빈관으로 지어진 호헤이칸豊平館, 국가 중요 문화재로 지정돼 있는 다실 핫소안八窓庵 등의 볼거리가 있다. 하얀 눈이 쌓이면 미니 크로스 컨트리 코스를 만들고, 스키 장비를 무료로 빌려 주기도 한다.

삿포로 중심부와 더불어
삿포로 근교는 여행의 쉼표

삿포로 하면 흔히 삿포로의 중심부라 할 수 있는 JR
삿포로역 주변과 스스키노 거리, 삿포로 TV 타워가
있는 오도리 공원을 떠올린다. 이곳은 모두 삿포로
역에서 30분 내로 이동할 수 있지만 이외에 30분
이상 걸리는 곳에 위치한 근교 여행지에도 볼거리가 있

다. 홋카이도 여행에 있어 삿포로 지역을 가볍게 여행하는 것이 아닌 좀 더 깊게 여행하고 싶
다면, 이곳에 소개되는 근교 여행지들도 둘러볼 것을 추천한다.

 ## 삿포로 근교 BEST COURSE

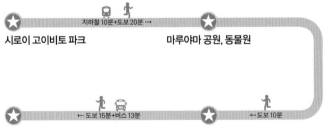

지하철 10분+도보 20분 ····▸

⭐ 시로이 고이비토 파크   ⭐ 마루야마 공원, 동물원

◂···· 도보 15분+버스 13분   ◂···· 도보 10분

⭐ 모이와산   ⭐ 홋카이도 신궁

삿포로 근교

レストラン オウル ある子
レストランおうる子
시모이 고에비토 사쿠라
白い恋人パーク 26

조잔케이 온천

누구모리노야도 후루카와유
ぬくもりの宿 ふる川
조잔케이 온천 공원
定山渓温泉公園

카페 가케노우에
カフェ崖の上

스이 초칸
翠蝶館

조잔케이 온천
스파 모리노우타 리조트
スパ森の謌 リゾート

오쿠라야마 전망대
大倉山展望台 06

홋카이도 진구
北海道神宮

미루쿠야 공원
円山公園

미루쿠야 코엔마에역
円山公園駅

카페 모리히코
カフェ森彦

미루쿠야 동물원
円山動物園

모이와야산
藻岩山

모이와야산 스키장
藻岩山スキー場

호소야 카네역
桑園駅

후사쿠라쵸 초메역
西28丁目駅

니시주하초메역
西18丁目駅

니시주잇초메역
西11丁目駅

오도리 공원
大通公園

오도리역
大通駅

스스키노역
すすきの駅

나카지마 코엔역
中島公園駅

호로히라바시역
幌平橋駅

기바 엔역
中の島駅

나카노시마역
中の島駅

히라기시역
平岸駅

미소노역
美園駅

도요히라코엔역
豊平公園前駅

히가시사쿠라역
東札幌駅

시로이시역
白石駅

하치시 미나미초역
發寒南駅

고토니역
琴似駅

JR 고토니역
JR琴似駅

JR 호시미역
JR桑園駅

기타주하치조히가시역
北18条駅

기타주니조역
北12条駅

기타주산조히가시역
北13条東駅

기타주산조히가시역
東区役所前駅

삿포로역
さっぽろ駅

JR 삿포로역
JR札幌駅

간조도리히가시역
環状通東駅

비트 센타마에역
バスセンター前駅

기쿠스이역
菊水駅

하가시사포로역
東札幌駅

JR 나에보역
JR苗穂駅

도요스이초역
豊水すすきの駅

시로이시역
白石駅

JR 시로이시역
JR白石駅

자이툰 타이아이역
自衛隊前駅

스미카와역
澄川駅

미나미히라기시역
南平岸駅

기쿠스이역
菊水駅

후쿠주미역
福住駅

니시고주산초메역
南郷13丁目駅

니고주산초메역
南郷7丁目駅

후쿠주지역
福住駅

삿포로돔
札幌ドーム 28

히쓰지가오카 전망대
羊ヶ丘展望台 27

조잔케이 온천

삿포로에서 찾아가기

삿포로 근교 여행지는 대부분 지하철을 이용한다. 근교를 중심으로 일정을 정할 경우, '지하철1일 패스'를 구입하는 것이 경제적이다.

 삿포로 근교 여행에 유용한 교통 패스

📍 지하철 전용 1일 승차권 地下鉄専用1日乗車券

삿포로 시내 지하철을 하루 동안 무제한 탑승할 수 있는 티켓이다.

구입 장소 지하철 자동 발매기, 역 사무소 **요금** 830엔(성인), 420엔(어린이)

📍 도니치카킷푸 ドニチカキップ

지하철 전용 1일 승차권과 동일하며, 토요일과 일요일, 공휴일에만 이용할 수 있다.

구입 장소 지하철 자동 발매기, 역 사무소 **요금** 520엔(성인), 260엔(어린이)

📍 IC 교통 카드 키타카 Kitaca

- JR 홋카이도뿐 아니라 일본의 다른 지역의 열차 회사에서도 발매하는 IC교통 카드 도쿄의 스이카(suica), 오사카, 간사이 지역의 이코카(icoca)가 대표적
- 우리나라 여행객들의 이용이 많은 IC 교통 카드는 대부분 타 지역과 호환 사용 가능
- 지난 여행에서 스이카나 이코카 등의 일본 교통 카드를 기념품으로 남겨 두었다면, 홋카이도 여행을 할 때도 준비
- 지하철과 JR 모두 이용 가능하며, 충전도 가능
- 도쿄나 오사카 등 다른 지역에서 이용 가능

구입 장소 JR 홋카이도의 주요 역(신치토세 공항역, 삿포로역 등) **요금** 최초 판매 금액 2,000엔(보증금 500엔, 사용 금액 1,500엔)

삿포로 벚꽃놀이 명소

마루야마 공원 앤 동물원 円山公園 & 動物園 [마루야마 코-엔 & 도-부츠엔]

19세기 후반 홋카이도 개척사가 수목 시험장으로 조성한 것이 20세기 초반 시민들을 위한 공원으로 정비됐다. 넓은 부지의 마루야마 원시림은 천연 기념물로 지정됐는데, 수려한 자연 속에서 산책을 즐길 수 있고 공원 내에 동물원이 있어 어린이와 함께 가기도 좋다. 삿포로는 우리나라보다 벚꽃 개화 시기가 느려 5월 초가 절정인데 삿포로 제일의 벚꽃놀이 장소로 꼽는다.

공원

주소 札幌市中央区宮ヶ丘他 **위치** 지하철 마루야마코엔(円山公園)역에서 도보 5분 **시간** 24시간 개방

동물원

주소 札幌市中央区宮ヶ丘他3丁目1 **위치** 지하철 마루야마코엔(円山公園)역에서 도보 15분 **시간** 9:30~16:30(3~10월), 9:30~16:00(11~2월) **휴원** 매월 둘째, 넷째 주 수요일, 4월 셋째 주 월~금요일, 11월 둘째 주 월~금요일, 12월 29~31일 **요금** 600엔(고등학생 이상), 중학생 이하 무료 **홈페이지** www.city.sapporo.jp/zoo **전화** 011-621-1426

리락쿠마 에마가 있는 신궁

홋카이도 신궁 北海道神宮 [홋카이도 진구]

주소 札幌市中央区宮ヶ丘474 **위치** 지하철 마루야마코엔(円山公園)역에서 도보 10분 **홈페이지** www.hokkaidojingu.or.jp **전화** 011-611-0261

1869년에 홋카이도 개척민들이 마음을 의지할 수 있었던 장소로, 사할린 쪽에서 진출하던 러시아 세력을 막아내는 부적의 역할로 지어진 신궁이다. 개척자들의 도전 정신이 담긴 이곳에서 기도를 하면 부자가 된다는 설도 있다.

소원을 적어 매다는 에마 絵馬(나무판)에 귀여운 곰돌이 캐릭터 리락쿠마가 그려져 있어 여성과 어린이들이 좋아한다.

디저트 전문점에서 운영하는 카페 겸 레스토랑

롯카테이 _마루야마점 六花亭 円山店 [롯카테이 마루야마텐]

주소 札幌市中央区南2条西27丁目174 **위치** 지하철 마루야마코엔(円山公園)역에서 도보 4분 **시간** 10:30~18:30 **가격** 900엔(커피+피자 세트), 520엔(핫케이크), 750엔(일본식 정식) **홈페이지** www.rokkatei.co.jp **전화** 0120-12-6666

홋카이도의 대표적인 디저트 전문점 중 하나인 롯카테이에서 운영하는 카페 겸 레스토랑이다. 2016년 12월 리뉴얼 오픈해 보다 아늑하면서도 고급스러운 분위기를 갖추게 됐다. 커피와 피자 세트 900엔, 핫케이크 520엔, 일본식 정식 750엔 등 합리적인 가격의 식사 메뉴를 갖추고 있고, 다양한

디저트와 카페 메뉴가 있다. 식사 또는 디저트 세트를 주문하면 커피는 계속 리필 가능하다.

마루야마 카페 거리의 인기 핸드 드립 카페

카페 모리히코 カフェ森彦 [카훼-모리히코]

주소 札幌市中央区南2条西26丁目2-18 **위치** 지하철 마루야마코엔(円山公園)역 도보 5분 **시간** 11:00~21:30 (토요일 10:00~21:30) **휴무** 연말연시 **홈페이지** morihiko-coffee.com **전화** 011-622-8880

마루야마 뒷골목의 작은 목조 민가를 개조한 카페로, 삿포로 도심에서는 경험하기 힘든 느긋한 여유를 즐길 수 있다. 좁은 카페 구석구석에서 풍기는 세월의 흔적과 함께 즐기는 커피 한잔은 삿포로 카페 놀이의 묘미다. 시즌별로 내놓는 계절의 커피와 숲의 물방울이란 뜻의 '모리노시즈쿠 블렌드'가 인기다.

달콤한 향기가 가득한 초콜릿 테마파크

시로이 고이비토 파크 白い恋人パーク [시로이코이비토 파-쿠]

주소 札幌市西区宮の沢2-2-11-36 **위치** 지하철 미야노사와(宮の沢)역에서 도보 7분 **시간** 9:00~18:00(시설에 따라 시간 다름) **요금** 600엔(고등학생 이상), 200엔(중학생 이하), 3세 이하 무료 **홈페이지** www.shiroikoibitopark.jp **전화** 011-666-1481

홋카이도 여행 기념품 부동의 1위인 '하얀 연인'이란 의미의 쿠키 '시로이 고이비토白い恋人'를 만드는 이시야 제과의 초콜릿 테마파크다. 시계탑과 빨간 벽돌 건물은 중세 유럽풍으로 지어졌고, 아기자기한 장식으로 동화 속 성을 연상하게 한다. 시로이 고이비토 제작 과정을 보는 것은 물론 직접 과자를 만드는 체험도 할 수 있고, 미니 열차와 초콜릿 카페 등 다양한 즐길 거리가 있다.

초콜릿 공장 Chocolate Factory
- 공장 견학 工場見学
- 과자 만들기 체험 お菓子作り体験工房
- 초콜릿 라운지 チョコレートラウンジ

카니발 시계탑
からくり時計塔

걸리버 타운
Gulliver Town

안토루포관

레스토랑
오우루즈
レストラン
おうる

매표소

로즈 가든
ローズガーデン

튜더 하우스
입구

미야노사와
시로이 고이비토 축구장
宮の沢白い恋人サッカー場

시로이 고이비토 철도
白い恋人鉄道

튜더 하우스 Tudor House
- 옛날 어린이 장난감 상자
　昔の子供のおもちゃ箱
- 숍 피카딜리 Shop Piccadilly

▶ 안토루포관 Entrepot Hall

시로이 고이비토 입관 패스포트

白い恋人パーク入館パスポート [시로이코이비토 파-쿠 뉴-칸 파스포-토]

위치 안토루포관 1층

시로이 고이비토 파크의 티켓은 패스포트라 부르며 실제로 여권처럼 생겼다. 입장 요금 외의 체험 코너를 이용할 경우 1,000엔당 도장을 하나씩 찍어 주는데, 10개를 모으면 명예 회원 기념품을 증정한다. 티켓을 구입하고 2층으로 올라가면 초콜릿 공장으로 연결된다.

카페 안토루포

カフェ・あんとるぽー [카훼- 안토루포-]

위치 안토루포관 1층과 지하 사이 **시간** 9:00~18:00
가격 970엔(디저트 플레이트), 582엔(샌드위치)

공식 안내 지도에도 표시되지 않는 숨겨진 듯한 분위기의 카페다. 티켓카운터 근처에 있으며 안토루포관 아래쪽 공간에서 이시야 오리지널 커피와 디저트, 주류까지 판매하고 있다. 디저트 플레이트는 972엔, 샌드위치는 583엔이다.

오로라의 샘

オーロラの泉 [오-로라노이즈미]

위치 안토루포관 2층

영국의 최대급 도자기 브랜드 로얄덜튼사에서 1870년대에 제작한 분수로, 화려한 자기 표면을 따라 물이 흘러내리고 수중에서 라이트가 비춰진다. 분수를 지나면 19세기 영국 초콜릿 공장을 재현한 디오라마, 화려한 초콜릿 컵 등이 전시돼 있다.

► 초콜릿 공장 Chocolate Factory

◉ 시로이 고이비토 공장 견학
白い恋人工場見学 [시로이코이비토 코-죠- 켄가쿠]

위치 초콜릿 공장 3층 **시간** 9:00~17:10 *여권 필요

홋카이도의 인기 기념품 시로이 고이비토가 만들어지는 제조 과정을 공개하는 코너다. 갓 구운 쿠키에 하얀 초코 크림을 바르고, 포장하고, 유통 기한을 표시하는 등의 공정을 3층 통로에서 견학한다.

◉ 과자 만들기 체험 공방
お菓子作り体験工房 [오카시즈쿠리타이켄 코-보-]

위치 초콜릿 공장 4층 **시간** 9:30~16:00(접수: 30분 간격으로 진행) **요금** 972엔(1시간 20분) *여권 필요+추가요금

앞치마와 모자를 쓰고 과자 만들기를 체험할 수 있는 코너다. 어린이도 함께할 수 있으며 14cm 하트 모양의 나만의 시로이 고이비토를 만든다. 이미 만들어진 쿠키에 그림만 그려 넣는 30~40분 코스의 체험이 진행되기도 한다.

⑪ 초콜릿 라운지 チョコレートラウンジ [쵸코레-토 라운지]

위치 초콜릿 공장 4층 **시간** 9:00~18:00 *여권 필요 **가격** 2,160엔(이시야 오리지널 티 세트), 756엔(시로이 고이비토 파르페)

초콜릿 공장 최상층에 있는 카페다. 영국제 앤티크 가구의 아늑한 공간에서 커다란 창을 통해 매시간 정시 시계탑에서 열리는 카니발 공연을 보다 가까이에서 볼 수 있다. 가볍게 아이스크림이나 커피를 즐길 수 있고 이시야 오리지널 티 세트(2,160엔), 시로이 고이비토 파르페(756엔) 등 초콜릿 공장의 본격적인 디저트도 인기 있다.

▶ 튜더 하우스 Tudor House

📷 옛날 어린이 장난감 상자

昔の子供のおもちゃ箱 [무카시노 코도모노 오모챠바코]

위치 튜더 하우스 2층 **시간** 9:00~19:00

19세기 말부터 1960년대까지 인기 있던 장난 감들을 전시하고 있다. 세계적으로 활약한 슈퍼 스타의 소장품도 전시하고 있는 스포츠 코너 등이 흥미롭다.

🛍 숍 피카딜리

ショップ ピカデリー [숏푸 피카데리-]

위치 튜더 하우스 1층 **시간** 9:00~19:00

시로이 고이비토는 물론 이시야제과의 인기 과자와 디저트를 구입할 수 있는 곳이다. 시로이 고이비토와 같은 패키지 디자인의 초콜릿 음료, 시로이 고이비토 오리지널 와인도 인기다.

▶ 시로이 고이비토 외부

📷 로즈 가든 ローズガーデン [로-즈가-덴]

위치 안토루포관 앞 정원

시로이 고이비토 파크에 입장을 하지 않더라도 중세 유럽 성과 같은 건물 앞 로즈 가든을 즐길 수 있다. 장미와 분수로 꾸며져 있으며 기념사 진을 찍는 코너도 있다.

📷 걸리버 타운 ガリバータウン [가리바- 타운]

위치 안토루포관 맞은편 축구장 인근 **시간** 10:00~
17:30(접수 마감 17:00) **요금** 800엔(12세 이하),
700엔(13세 이상) *입장료 안에 시로이 고이비토 철
도 일주와 키즈타운 30분 이용 포함

시로이 고이비토 공원 내에 만들어진 걸리버 타
운. 게이트를 빠져나오면 작은 집들이 나란히
줄지어 있는데, 마치 내가 거인이 된 것 같은 느
낌을 받는다. 어린 자녀가 있는 가족 여행객에
게 인기 있는 시설이다.

🍴 레스토랑 오우루즈

レストランおうるず [레스토랑 오우루즈]

시간 10:00~18:00 **전화** 011-666-3003

미야노사와 축구장을 바라보며
식사할 수 있는 곳으로, 이
시야 제과에서 운영하고
있다. 메인 메뉴는 홋카이
도의 신선한 야채가 듬뿍 들
어간 수프 카레다. 시로이 고이비토답게 시로
이(하얀) 수프 카레おうるず特製白いスープカレ
ー(1,296엔)가 대표 메뉴.

📷 카니발 시계탑

からくり時計塔 [카라쿠리 토케이토-]

위치 안토루포관 상부탑 **시간** 9:00~19:00(매시간
정각)

시로이 고이비토 파크의
상징이다. 시계탑 속에는
태엽으로 움직이는 인형
들이 있다. 매시간 정각마
다 인형들이 초콜릿 카니
발 공연을 한다.

📷 시로이 고이비토 철도

白い恋人鉄道 [시로이코이비토 테츠도-]

위치 시로이 고이비토 파크 내 **시간** 9:20~16:00
(20분 간격 운행) **요금** 300엔(성인), 200엔(12세 미
만), 2세 미만 무료 **정원** 30명

초콜릿과 인형으로 꾸며진 시로이 고이비토 파
크 정원의 철길을 달리는 열차. 증기 기관차
를 모델로 하는 6량 편성의 미니 열차.

📷 미야노사와 시로이 고이비토 축구장

宮の沢白い恋人サッカー場 [미야노사와 시로이코이비토 삿카-죠]

위치 시로이 고이비토 맞은 편

홋카이도 프로 축구팀인 홋카이도 콘사도레 삿포로의 전용 연습장이다. 연습일이면 축구 연습을 하
는 선수들을 엿볼 수 있다.

일본 5대 돔 구장의 돔 투어와 전망대

삿포로 돔 札幌ドーム [삿포로 도-무]

주소 札幌市豊平区羊ケ丘1番地 **위치** 지하철 후쿠즈미(福住)역 3번 출구에서 도보 10분 **시간** 10:00~16:00 (돔 투어는 매시간 정각마다 시작) **요금** 500엔(전망대), 1,000엔(돔 투어), 1,200엔(전망대+돔 투어) **전망대 특별 영업일** 프로 야구 니혼햄 경기일 중 토, 일, 공휴일, 프로축구 콘사도레 모든 경기일 영업일 시합과 이벤트가 없는 날(이벤트에 따라 다름, 홈페이지 확인) **홈페이지** www.sapporo-dome.co.jp **전화** 011-850-1000

프로 축구팀 콘사도레 삿포로와 프로 야구팀 니혼햄 파이터스의 홈구장이다. 일본 유일의 천연 잔디 축구장으로, 평소에는 야외에서 천연 잔디를 관리하고, 축구 경기가 열릴 때만 천연 잔디가 돔 구장으로 이동하는 독특한 구조다. 덕분에 하나의 돔 구장에 야구장과 축구장이 공존할 수 있다. 북서풍과 함께 많은 눈이 내리는 겨울을 대비해 돔 지붕이 바람의 방향에 맞춰 높낮이를 달리하고, 눈이 자연스레 흘러내리도록 설계됐다.

---

 inside 삿포로 돔

돔 투어 ドーム ツアー [도-무 츠아-]
위치 1층 북 게이트 3번 옆 '종합 안내'에서 티켓 구입

경기나 이벤트가 없는 날, 돔 구장의 내부를 가이드와 함께 둘러볼 수 있다. 돔 구장의 그라운드를 밟아 볼 수도 있고 로커 룸과 불펜 등 선수들이 사용하는 내부까지 볼 수 있다. 소요 시간은 약 50분이다.

전망대 展望台 [텐보-다이]
위치 1층 북 게이트 3번 옆 '종합 안내' 또는 3층 콘코스에서 티켓 구입

일본 프로 야구 구단에서 이용하는 6개의 돔 구장 중 유일하게 전망대가 설치돼 있다. 53m의 전망대에서는 돔 구장 내부와 외부의 풍경을 모두 감상할 수 있다. 특별 영업일에는 구장의 3층에서 60m 길이의 공중 에스컬레이터를 이용해 올라갈 수 있으며, 당일 시합 티켓이 있으면 100엔을 할인받을 수 있다.

전망대와 시내 스키장

모이와산 藻岩山 [모이와야마]

주소 札幌市中央区伏見5丁目3番7号 **위치** 스스키노에서 노면 전차로 약 20분(170엔), 노면 전차 로프웨이 이리구치(ロープウェイ入口)역에서 무료 셔틀버스로 5분 **시간** 10:30~22:00(하계), 11:00~22:00(동계) **요금** 1,700엔(로프웨이+모리스카 왕복), 1,100엔(로프웨이 왕복), 600엔(모리스카 왕복) **전화** 011-561-8177

삿포로 시내 남쪽의 해발 531m의 산으로, 전망대와 스키장이 있다. 홋카이도 원주민 아이누 족은 '항상 올라가 바라보는 곳'이라는 의미인 '인카루시페'라 부르고, 신의 등불이 켜지는 성지로 여기며 전염병이 돌거나 좋지 않은 일이 생기면 이곳으로 피신을 했다. 지금은 아름다운 전망을 바라볼 수 있는 전망대가 있

는 연인들의 성지며, 겨울에는 시내에서 가장 가까운 스키장으로 개장된다.

산초역 山頂駅
전망대, 스타 홀, 레스토랑, 등산객 휴게소

전망대 展望台
2015년 일본의 신新3대 야경으로 선정된 삿포로의 야경을 감상할 수 있다. 전망대의 상징이기도 한 행복의 종 주변으로는 연인들이 매달아 둔 자물쇠가 가득한 연인들의 성지이기도 하다.

자연 학습 보도
전망대까지 약 15분, 야간에는 통행 금지

모리스카 も―りすカー
추후쿠역에서 전망대까지 1분 40초 만에 연결하는 미니 케이블카로 세계 최초의 구동 방식이 적용돼 있다. 스위스에서 제작한 삼림 체험형 운송 시스템으로, 숲속을 가로지르며 올라간다. 야간에는 자연 학습 보도를 이용할 수 없기 때문에 모리스카를 이용해야 한다.

추후쿠역 中腹駅
모리스카 탑승장, 기념품 숍, 포레스트 갤러리

로프웨이 ロープウェイ
최대 66명이 탑승할 수 있는 대형 로프웨이는 산로쿠역부터 추후쿠역까지 5분간 약 1,200m를 오른다. 오렌지색의 곤돌라는 모이와산에 사는 다람쥐, 회색의 곤돌라는 부엉이의 색을 채용했다. 로프웨이 추후쿠역에서 전망대까지는 모리스카를 탑승하거나 자연 학습 보도를 따라 올라갈 수 있다.

산로쿠역 山麓駅
로프웨이 탑승장

노면 전차 로프웨이 이리구치(ロープウェイ入口)
역으로 가는 무료 셔틀버스

시내에 가장 근접한 스키장

모이와산 스키장 藻岩山スキー場 [모이와야마 스키-죠-]

주소 札幌市南区藻岩下1991 **위치** 지하철 마코마나이(真駒内)역에서 스키 시즌 임시 버스로 10분(250엔) **시간** 9:00~21:00(12월 중순부터 3월 말까지 개장) **요금** 리프트: 330엔(1회), 3,400엔(7시간) / 렌탈: 3시간 3,500엔(스키 세트-스키, 부츠, 폴/3시간), 4,200엔(스키 세트-스키, 부츠, 폴/7시간) **전화** 011-581-0914

삿포로 시내에서 가장 가까운 스키장으로, 차로 20분이면 갈 수 있다. 평균 경사 15도, 최대 경사 35도의 상급자 코스(840m)부터 평균 10도, 최대 13도의 초급자 코스(400m)까지 총 10개의 코스가 있다. 리프트와 스키 세트 렌탈에는 다양한 요금제가 있다.

클라크 박사의 동상이 있는 전망대

히쓰지가오카 전망대 羊ヶ丘 展望台 [히츠지가오카 텐보-다이]

주소 札幌市豊平区羊ヶ丘1番地 **위치** 지하철 후쿠즈미(福住)역에서 노선 버스로 10분(210엔, 30분 간격 운행) **시간** 8:30~18:00(5, 6, 9월), 8:30~19:00(7~8월), 9:00~17:00(10~4월) **요금** 520엔(성인), 300엔(초등학생, 중학생) **전화** 011-851-3060

1900년대 초 추운 겨울을 이겨 내기 위해 정부에서 양 목장과 연구 기관을 설립했다. 1959년부터 전망대로서 일반에 공개되기 시작했으며, 전망대에서는 삿포로 돔과 시내를 바라볼 수 있다. 특히 홋카이도 대학의 초대 학장이며 '소년이여 야망을 가져라(Boys, be ambitious)'라는 명언을 남긴 클라크 박사의 전신 동상이 세워져 있는 것으로 유명하다. 전망대 부대시설로는

식당과 기념품 숍, 족욕장과 삿포로 눈 축제 기념관 등이 있다.

삿포로 시내가 가장 잘 보이는 전망대

오쿠라산 전망대 大倉山 展望台 [오쿠라야마 텐보-다이]

주소 札幌市中央区宮の森1274 **위치** 지하철 마루야마코엔(円山公園)역 2번 출구 앞 버스 터미널에서 마루 14(円14)번 버스로 10~15분(200엔) **시간** 9:00~17:00 **휴무** 4월 중순 약 10일간, 점프 대회, 공식 연습일 **요금** 500엔(리프트 왕복 성인), 300엔(리프트 왕복 어린이), 600엔(겨울 스포츠 박물관 성인), 중학생 이하 무료 **홈페이지** okura.sapporo-dc.co.jp **전화** 011-641-8585

1972년 개최된 삿포로 동계 올림픽의 90m 급 점프 경기장이었던 곳이 현재는 전망대와 겨울 스포츠 박물관으로 이용되고 있다. 오도 리 공원을 일직선으로 바라볼 수 있으며 삿포 로 인근 전망대 중 가장 가까운 곳에 있다. 스 키 경기장의 풍경 그대로를 간직하고 있는 전 망대는 2인승 리프트를 타고 올라가며, 겨울 스포츠 박물관은 다양한 가상 체험과 함께 동 계 올림픽 관련 자료를 관람할 수 있다.

조잔케이 온천 定山渓温泉

삿포로에서 차로 50분 거리에 위치한 근교 온천지 조잔케이 온천이다.
1866년 수행 중이던 승려 '조잔定山'이 이름 없던 계곡의 원천을 발견
하고, 온천 개척에 힘쓴 공적을 기리기 위해 조잔케이(조잔 계곡) 온천
이라고 부르게 됐다. 샘질은 부드럽고 무색투명한 나트륨 염화물천으
로, 마을에 흐르는 도요히라 강의 다리 인근에서 매분 8,600리터가
자연 용출하고 있다. 조잔케이 온천 마을은 온천가라 하기에는 부족할
만큼 관광 시설은 없지만 산과 강이 어우러진 수려한 풍경이 매력적이며,
특히 단풍 시즌에는 감탄사를 자아낼 만큼 화려한 아름다움을 뽐낸다. 여행 시
기가 삿포로의 단풍 시즌과 겹친다면 삿포로 시내 숙박보다 절경을 이루는 단풍 감상과 함께 온천
욕을 즐길 수 있는 조잔케이에서의 숙박을 추천한다.

🔍 찾아가기

① **신치토세 공항 - 조잔케이** : 직행 버스로 약 100분(편도 1,650엔)
공항에서 조잔케이 : 신치토세 공항 국제선 터미널 66번 승강장에서 14시 2분에 한 번 운행
조잔케이에서 공항 : 조잔케이 신사 앞 정류장에서 10시 10분에 한 번 운행

② **삿포로 - 조잔케이** : 직행 버스 갓파라이너호かっぱライナー号로 60분(편도 770엔)
삿포로에서 조잔케이 : 삿포로역 버스 터미널 12번 승강장에서 10:00, 11:00, 12:30,
14:00, 15:00 총 5편 운행
조잔케이에서 삿포로 : 조잔케이 신사 앞 정류장에서 9:30, 10:30, 12:30, 13:30,
15:00, 17:00 총 6편 운행
승차 가이드·시표 www.jotetsu.co.jp/bus/global/pdf/busguide_04_korea.pdf
※조잔케이에서 출발 시, 각 료칸 근처의 버스 정류장과 정차 시간을 확인하고 이용하자.

📷 조잔케이 원천 공원 定山源泉公園 [조잔케이 겐센 코-엔]

주소 札幌市南区定山渓温泉東3丁目 **위치** 유노마치(湯の町) 버스 정류장
에서 도보 1분 후 쓰키미바시(月見橋) 다리 앞 **시간** 7:00~21:00(11~3
월 7:00~20:00) **홈페이지** jozankei.jp/jozankei-gensen-park/
262 **전화** 011-598-2012

조잔 승려의 탄생 200주년을 기념해 만든 공원으로, 공원 안에는
조잔 동상과 족욕탕이 있고, 오솔길을 가볍게 산책할 수 있다. 또 70~80℃의 온
천수를 이용해 온천 달걀을 만들어 먹는 체험을 할 수 있는데, 공원 방문 전에 미리 공원 입구에서 다
리를 건너 1분 거리에 위치한 조잔케이 물산관에 들러 달걀을 구입해 가자. 15~20분 정도 기다리면
맛있는 온천 달걀이 완성된다.

🍴 카페 가케노우에 カフェ 崖の上 [카훼- 가케노우에]

주소 札幌市南区定山渓567-36 **시간** 10:30~18:00(12~2월에는 토, 일, 공휴일에만 영업 10:30~16:30) **휴
무** 월요일 **전화** 011-598-2077

조잔케이 원천 공원에서 걸어서
약 20분 거리, 벼랑 위(가케노
우에)에 위치한 10석 남짓의
아담한 카페. 카페 내부 절
벽 측면이 유리창으로 되어
있어 보이는 풍경이 액자 속 그
림같이 아름답다. 조잔케이가 가
장 화려한 단풍 시즌과 신록의 봄과 여름, 소복히
쌓인 설경을 감상할 수 있는 겨울까지 사계절 모두
방문할 가치가 있는 곳이다. 여름에는 데크에 테라
스석을 만들어 해방감을 느낄 수 있고 커피나 홍차
를 판매하고 수제 케이크가 특히 인기가 있다.

🏠 조잔케이 온천 료칸에서의 하룻밤

조잔케이는 2시간 정도면 모두 둘러볼 만큼 작은 온천 마을이다. 원천 공원과 마을 산책을 하며 족욕을 즐기고 경치를 감상한 뒤 물산관에서 기념품 구입을 하면 관광은 거의 끝난다. 하지만 일본의 온천 마을은 관광보다는 온천을 충분히 이용하며 맛있는 식사를 즐기는 료칸에서의 숙박이 가장 큰 묘미라 할 수 있다. 조잔케이에는 규모가 큰 호텔식 료칸들이 대부분이지만 10여 채의 다양한 료칸 중에서 나에게 맞는 료칸을 찾아 충분한 휴식을 취해 보자.

누쿠모리노야도 후루카와 ぬくもりの宿 ふる川 [누쿠모리노야도 후루카와]

주소 札幌市南区定山渓温泉西4丁目353 **위치** 삿포로 TV 타워 옆 NHK 건물 앞에서 전용 무료 셔틀버스 운영(예약제/ 14시에 한 번 운행, 약 50분 소요/ 료칸에서 10시에 출발) **요금** 14,000엔~(2식 포함) **홈페이지** www.yado-furu.com **전화** 011-598-2345

온천가 중심에 자리 잡은 료칸으로, 모든 객실을 금연실로 지정한 것이 눈에 띈다. 료칸 내에는 1층과 8층에 각각 온천 시설이 있는데, 예스러운 분위기를 자아내는 목조 시설과 다양한 종류의 욕조가 있는 것이 특징이다. 또 유료지만 50분간 전세로 이용할 수 있는 히노키 실내탕과 암반욕 시설도 갖추고 있다. 삿포로에서 무료 셔틀도 운행하고 있어 비교적 저렴한 가격으로 만족도 높은 휴식을 취할 수 있다.

스이초칸 翠蝶館 [스이쵸-칸]

주소 札幌市南区定山渓温泉西3丁目57 **위치** 지하철 오도리
(大通)역 1번 출구 근처 쇼와빌딩(昭和ビル) 앞에서 전용 무
료 셔틀버스 유케무리호(湯けむり号) 운영(예약제/ 14시 30
분 한 번 운행, 약50분 소요/ 료칸에서 오전 9시 50분 출발) **요금**
18,000엔~(2식 포함) **홈페이지** www.suichokan.com
전화 011-595-3330

아름다움을 지향하는 여성만을 위한 뷰티 료칸으로, 어
린이나 남성은 이용할 수 없다. 체재하는 동안 피부 미
용과 디톡스, 스트레스, 냉기 완화 등 다양한 효능이 있
는 온천을 충분히 즐기고 티 테라피나 요가 등을 더해 아름다움의 시너지 효과를 더하겠다는 콘셉트
다. 료칸 선택에 중요한 요소인 요리도 몸과 피부에 좋은 약선 요리로, 프렌치과 중화풍이 가미된 스
이초칸만의 창작 요리를 제공한다. 에스테 프로그램 역시 충실하다.

조잔케이 쓰루가 리조트 스파 모리노우타

定山渓鶴雅リゾートスパ 森の調 [죠-잔케이 츠루가 리조-토 스파 모리노우타]

주소 札幌市南区定山渓温泉東3丁目192番地　**위치** 지하철 마코마나이(真駒内)역(약 18분, 290엔)에서 도보 2분 거리에 마코나이 중학교 앞 전용 무료 셔틀버스 운행(예약제/10:30, 14:30, 16:30 총 3편 운행, 약 30분 소요)/ 료칸에서 9:30, 11:30, 15:30 출발)　**요금** 18,000엔~(2식 포함)　**홈페이지** www.morino-uta.com　**전화** 011-598-2671

마을 중심에서 조금 떨어진 곳에 위치한 모리노우타는 홋카이도 도동 지역을 중심으로 온천 리조트를 운영하는 쓰루가 그룹의 료칸이다. 료칸 뒤로 산이 있어 여유롭게 숲의 풍경을 바라보며 휴식을 취하는 것이 포인트로 온천 마을 내에서 만족도가 매우 높은 편이다. 객실은 전통적인 일본식 객실이 아닌 쾌적한 디자인 객실이고, 로비인 모리 라운지에서는 하루 4번 연주하는 하프 연주를 감상하거나 난로에 둘러앉아 마시멜로를 구워 먹는 소소한 재미가 있다. 개방감 있는 온천과 야외 테라스 등 시설과 분위기 면에서 높은 점수를 주고 싶은 곳이다.

오타루

小樽

운하의 도시 오타루에서
즐기는 영화 같은 여행

낭만적인 운하의 도시 오타루. 과거 청어잡이로 번성했고 많은 나룻배가 오가던 곳이지만 전후에는 운하로서의 기능은 없어지고 오래된 석조 창고와 은행들이 늘어서 복고풍 분위기를 내는 관광지로 변신했다. 특산품인 유리 공예, 홋카이도를 대표하는 디저트 숍들과 1995년작 영화 〈러브레터〉의 촬영지로 많은 사람이 찾고 있으며 겨울에는 오후 4시면 어두워지는 이곳을 은은한 불빛으로 밝혀 주는 가스등이 오타루만의 정서를 더욱 깊게 물들여 준다.

 ## 오타루 BEST COURSE

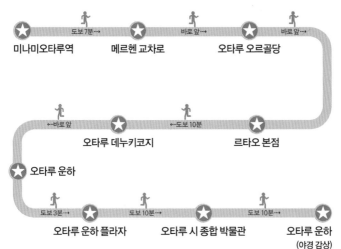

미나미오타루역 ── 도보 7분 ⋯▶ ── 메르헨 교차로 ── 바로 앞 ⋯▶ ── 오타루 오르골당 ── 바로 앞 ⋯▶

◀⋯ 바로 앞 ── 오타루 데누키코지 ── ◀⋯ 도보 10분 ── 르타오 본점

오타루 운하

── 도보 3분 ⋯▶ ── 오타루 운하 플라자 ── 도보 10분 ⋯▶ ── 오타루 시 종합 박물관 ── 도보 10분 ⋯▶ ── 오타루 운하 (야경 감상)

↑ 오타루 수족관
おたる水族館

오타루 시 종합 박물관 본관
小樽市総合博物館本館

운하 공원
運河公園

다나카 주조 본점
田中酒造 本店

요이치 증류소
余市蒸留所

북 운하
北運河

기타노 월가
北のウォール街

오타루 해상 관광선
小樽海上観光船

이세즈시
伊勢鮨

오타루 시 종합 박물관 운하관
小樽市総合博物館 運河館

오타루 운하 크루즈
小樽運河クルーズ

오타루 운하 플라자
小樽運河プラザ

스시코 すし耕

오타루 운하
小樽運河

기타린
きたりん

추오바시
中央橋

구 데미야 선 철길
旧手宮線跡

오타루 창고 넘버원
小樽倉庫 No.1

간타로
函太郎

기타노 돈부리야
다키나미 식당
北のどんぶり屋
滝波食堂

차린코 오타루
ちゃりんこーおたる

오타루 마사즈시 젠안점
おたる政寿司 ぜん庵店

아사쿠사바시
浅草橋

오타루역
小樽駅

오타루 데누키코지
小樽出抜小路

오타루 캔들 공방
小樽キャンドル工房

오타루 낭만관
小樽浪漫館

와라쿠
和楽

요시 よし

가마에이
かま栄

구키젠
群来膳

오타루 포세이돈
小樽ポセイ丼

베네치아
카페테리아
ヴェネツィア
カフェテリア

오타루 마사즈시 본점
おたる政寿司 本店

베네치아 미술관
北一ヴェネツィア美術館

롯카테이
六花亭

기타이치 하나조노점
北一硝子花園店

기타이치 3호관
北一3号館

기타카로
北菓楼

다카라스시 宝すし

기타이치 견학 공방
北一見学硝子工房

루타오 본점
Le TAO 本店

오로골당 2호관
小樽オルゴール堂 2号館

메르헨 교차로
メルヘン交差点

오타루

오타루 오르골당
小樽オルゴール堂

캐릭터 하우스
유메노오토
キャラクターハ
夢の音

덴구산
天狗山
↓

아사리가와 온천
朝里川温泉
↓

오타루 찾아가기

삿포로에서 40km에 있는 항구 도시 오타루. 삿포로 시내에서 도시간 버스와 JR 열차를 이용할 수 있는데, 버스보다 열차 이용이 쉽다.

공항에서 오타루까지

쾌속 에어포트
快速エアポート
신치토세 공항에서 쾌속 에어포트 열차를 이용하면 삿포로를 경유해 오타루까지 환승 없이 이동할 수 있다. 요금은 1,590엔이며, 보다 편안한 지정석 U-seat를 이용할 경우 520엔이 추가된다. 삿포로 시내에서 오타루를 갈 때도 쾌속 에어포트를 이용하면 빠르게 이동할 수 있지만 배차 간격이 30분이다.

보통 열차
普通列車
삿포로 시내에서 오타루까지 가는 보통 열차는 3~5분 간격으로 운행되며, 주말에도 10분을 넘기지 않을 만큼 많은 열차가 운행된다. 요금은 쾌속 열차 일반석과 동일한 640엔이다.

3분, 170엔, 쾌속·보통 열차

신치토세 공항 新千歳空港	삿포로 札幌	미나미오타루 南小樽	오타루 小樽
⭐	⭐	⭐	⭐

쾌속 에어포트 快速エアポート
약 37분, 1,070엔, 15분 간격 운행 | 약 36분, 640엔, 30분 간격 운행

최단 소요 시간 73분, 1,590엔, 30분 간격 운행

보통 열차 普通列車
약 50분, 640엔, 3~5분 간격 운행

> **TIP** 오타루의 주요 관광지는 오타루 역과 미나미오타루 역 사이에 있다. 삿포로 역에서 당일치기로 오타루를 다녀올 때, 오타루 왕복 또는 미나미오타루 왕복을 이용하기보다 오타루 역에서 시작하고 미나미오타루 역에서 삿포로로 출발하거나, 미나미오타루 역에서 시작해 오타루 역에서 삿포로로 출발하는 것이 오타루에서 걷는 시간을 줄일 수 있다. 오타루 역은 크고 아름다워 쉽게 찾을 수 있지만, 미나미오타루 역은 작은 역이기 때문에 찾기가 어렵다. 미나미오타루 역에서 오타루 여행을 시작하고, 오타루 역에서 삿포로로 돌아가는 것이 쉽다.

추오 버스
中央バス
삿포로 역 앞에서 출발해 시계탑을 지나 오타루로 이동하는 고속 오타루호高速おたる号 버스를 이용해서 오타루 역 앞까지 이동할 수 있다. 소요 시간은 약 70분이며, 요금은 편도 610엔, 왕복 1,140엔으로 JR 열차보다 조금 저렴하지만 시간이 많이 걸린다.

오타루 시내 교통

오타루 운하와 오르골당, 사카이마치도리만 보고 올 예정이라면 오타루 시내에서 대중교통을 이용할 필요는 없다. 단, 덴구산 전망대 등을 오르기 위해서는 시내버스를 이용하거나 오타루 산책 버스를 이용해야 한다.

오타루 산책 버스

오타루 시내 주요 관광지를 운행하는 버스로 20~30분 간격으로 운행하며 계절에 따라 3~4개의 코스가 있다. 오타루 수족관, 종합 박물관, 덴구산 등으로 이동할 때 이용하는 것이 편리하며 모든 노선이 JR 오타루 역 앞에서 출발한다. 1일 승차권을 구입하면 오타루 시내의 일반 버스도 무제한으로 이용할 수 있다.

📍 **구입 장소**
버스 차량 내, 오타루 역 앞 버스 터미널, 오타루 운하 버스 터미널, 오타루 운하 플라자

📍 **요금**
1회 승차 220엔(시내버스와 요금 동일), 1일 승차권 750엔(시내버스 이용 가능)

일본 최대 규모의 오르골 숍

오타루 오르골당 小樽オルゴール堂 [오타루 오루고-루도-]

여행 기념품으로 부담 없이 구입할 수 있는 1,000엔 이하의 상품부터, 박물관에 있어야 할 듯한 희귀 오르골까지 약 3,000여 종의 오르골을 전시, 판매하고 있다. 건물이 안쪽으로 길게 뻗어 있어 밖에서 보는 것에 비해 훨씬 넓어 일본 최대 규모를 자랑한다. 오르골당 본관 외에 다양한 분점을 조금씩 다른 콘셉트로 운영하고 있고, 본관 바로 옆에는 토토로 등의 일본 인기 캐릭터의 홋카이도 한정 아이템을 주로 판매하는 오르골당 캐릭터 하우스 유메노토가 있다. 오르골당 2호관 안티크 뮤지엄은 파이프 오르간과 앤티크한 오르골을 전문으로 갖추고 있다.

오르골당 본관 小樽オルゴール堂 本館

주소 小樽市住吉町4-1　**위치** JR 미나미오타루(南小樽)역에서 도보 7분 후 메르헨 교차로 바로 앞　**시간** 9:00~18:00(7~9월 금, 토, 일 19:00까지)　**홈페이지** www.otaru-orgel.co.jp　**전화** 0134-22-1108

캐릭터 하우스 유메노토 キャラクター・ハウス夢の音

주소 小樽市住吉町1-6　**위치** JR 미나미 오타루(南小樽)역에서 도보 7분 후 메르헨 교차로 바로 앞　**시간** 9:00~18:00　**전화** 0134-27-5618

오르골당 2호관 小樽オルゴール堂 2号館

주소 小樽市堺町6-13　**위치** ❶ JR 미나미오타루(南小樽)역에서 도보 7분　❷ 르타오 본점 옆　**시간** 9:00~18:00　**전화** 013 4-34-3915

515엔으로 즐기는 디저트 세트

기타카로 北菓楼 [키타카로-]

주소 小樽市堺町7-22 **위치** JR 미나미오타루(南小樽)역에서 도보 10분 **시간** 9:00~18:30(동계는 18:00 폐점) **가격** 515(바움쿠헨 세트) *5~10월만 판매 **홈페이지** www.kitakaro.com **전화** 0134-31-3464

오타루 시 도시 경관상을 받기도 한 예쁜 창고 건물에 있는 디저트와 일본식 과자 전문점이다. 여행객들에게 가장 인기있는 메뉴는 슈크림으로 구입 경쟁이 매우 치열한 상품이다. 참고로 삿포로의 주요 백화점과 공항에도 기타카로 매장이 있으며, 일부 매장은 한정 상품을 판매하고 있다. 삿포로 다이마루 백화점의 한정 메뉴는 C컵 푸딩이고, 오타루 본관의 한정 메뉴는 소프트아이스크림과 음료 포함의 갓 구워낸 바움쿠헨 세트다.

무료 커피가 제공되는 디저트 전문점

롯카테이 六花亭 [롯카테이]

주소 小樽市堺町7-22 **위치** JR 미나미오타루(南小樽)역에서 도보 10분 **시간** 9:00~18:00 **홈페이지** www.rokkatei.co.jp/shop **전화** 0134-24-6666

홋카이도 도동의 오비히로 지역에 본점이 있는 디저트 전문점이며, 오타루 매장은 르타오, 기타카로와 인접해 있어 세 곳을 디저트 3대장이라 부르기도 한다. 깊은 버터의 풍미가 느껴지는 마루세이 버터 샌드가 롯카테이의 간판 메뉴로, 이시야의 하얀 연인과 대등한 인지도를 가진 홋카이도 대표 여행선물이다. 매장에서 가볍게 맛볼 수 있는 슈크림은 85엔이며, 매장 내 어느 상품이든 한 개만 구입해도 무려 커피를 서비스로 받을 수 있다. 지속

적인 고객의 방문을 유도하기 위해 단품 판매에 적극적이어서 다양한 제품을 부담 없이 체험하기에 좋다. 사카모토 나오유키의 꽃 그림을 모티브로 한 예쁜 포장지가 독특하다.

오타루의 대표적인 디저트 전문점

르타오 본점　Le TAO 本店 [루타오 혼텐]

주소 小樽市堺町7-16 **위치** JR 미나미오타루(南小樽)역에서 도보 7분 후 메르헨 교차로 바로 앞 **시간** 9:00~18:00 **홈페이지** www.letaol.jp **전화** 0120-46-8825

오르골당 바로 앞 시계탑이 있는 유럽식 건물 전체가 디저트 전문점 르타오 본점이다. 피라미드처럼 생긴 르 쇼콜라와 부드러운 치즈케이크 더블 프로마주가 르타오의 인기 메뉴며 상점 내부나 길거리에서 시식을 할 수도 있다. 본점 외에도 오타루에 다양한 콘셉트의 매장을 여러 곳에서 운영하고 있다. 본점 1층은 판매 숍, 2층은 살롱이 있으며, 3층에는 무료 전망대가 있어 사카이마치도리와 오르골당 본당, 메르헨 교차로 등을 내려다볼 수 있다. 참고로 르타오라는 이름은 오타루를 거꾸로 읽은 것이다.

오타루 여행의 중심이 되는 교차로

메르헨 교차로　メルヘン交差点 [메루헨 코-사텐]

주소 小樽市堺町 8 **위치** JR 미나미오타루(南小樽)역에서 도보 7분

오타루 운하 남쪽의 오거리에 있는 메르헨 교차로 광장은 운하와 함께 여행객들로 가장 붐비는 장소다. 오르골당 본관과 르타오 시계탑 앞의 광장에는 100여 년 전 오타루 시 언덕에서 불을 밝히던 상야등을 재현해 두었다. 오르골당 본관 건물 앞에는 캐나다 밴쿠버의 명물인 증기 시계 제작자가 동일하게 만든 시계가 설치돼 있는데, 15분에 한 번씩 하얀 증기를 뿜어내고 있다. 메르헨 교차로에서 오타루 운하까지 이어

지는 약 750m의 사카이마치도리堺町通り는 오타루에서 가장 번화한 거리로 음식점과 기념품 가게가 늘어서 있다.

신선한 해산물 덮밥 전문점

오타루 포세이돈 小樽ポセイ丼 [오타루 포세이돈]

주소 小樽市堺町4-9 **위치** JR 미나미오타루(南小樽)역에서 도보 10분 **시간** 10:30~18:00 **가격** 2,100엔 (포세이돈) **홈페이지** www.otaru-poseidon.jp **전화** 0134-61-1478

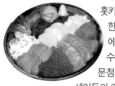

홋카이도 신문에서 주최한 '이것이 먹고 싶어'에서 2년 연속 대상을 수상한 해산물 덮밥 전문점이다. 바다의 신 포세이돈의 이름은 덮밥을 '돈丼' 이라 읽는 데서 착안한 일종의 언어유희다. 단새우, 성게, 연어알, 참치 등이 들어간 대표 메뉴 포세이돈은 2,100엔이고 다양한 해산물을 조합한 메뉴들이 있다. 매장 옆에는 가리비나 새우 등을 구워서 파는 간이 매점도 있다.

일곱 가지 맛의 무지개 소프트아이스크림

베네치아 카페테리아 ヴェネツィア カフェテリア [베넷치아 카훼테리아]

주소 小樽市堺町 5-27 **위치** JR 미나미오타루(南小樽)역에서 도보 10분 **시간** 8:45~18:00 **가격** 550엔(무지개 아이스크림), 480엔(스페셜 아이스크림) **전화** 0134-33-1993

오타루의 인기 아이스크림인 무지개 아이스크림레인보우소프트으로 인기를 얻고 있는 카페다. 무지개 아이스크림은 거봉, 녹차, 딸기, 멜론, 우유, 라벤더, 초콜릿 총 일곱 가지 맛을 한 번에 즐길 수 있고, 다섯 가지 맛을 선택할 수 있는 스페셜 아이스크림도 판매한다. 이 밖에도 여러 종류의 아이스크림과 커피, 간식 등을 판매하고 있다.

오타루 유리 공예의 선구자
기타이치 글래스 北一硝子 [키타이치 가라스]

1901년 석유 램프를 제작하는 작은 유리 공방에서 시작해, 청어잡이용 부표를 생산하면서 크게 성장했다. 어업이 쇠퇴하고 오타루가 관광지로 주목 받은 80년대부터 유리 공예 제품을 제작, 판매하면서 오타루 시내에만 10여 개의 다양한 테마를 갖춘 유리 공예 전문점을 운영하고 있다. 본점 격인 기타이치 글래스 3호관은 오르골당 가까이에 있어 찾아가기도 쉽고, 대형 홀은 석유 램프로 불을 밝힌 예쁜 카페와 기념품 숍으로 운영하고 있다. 그 옆의 기타이치 베네치아 미술관에는 세계적으로 수준 높은 베네치아의 유리 공예 작품과 곤돌라 등을 전시하고 있고 서양식 복장을 입고 기념 촬영을 하는 코너가 있다. 이 밖에 여행객에게 인기 있는 곳은 유리 공예 제작을 체험할 수 있는 하나조노점과 견학 공방 등이 있다.

기타이치 3호관 北一3号館
주소 小樽市堺町7-26 **위치** JR 미나미오타루(南小樽)역에서 도보 8분 **시간** 8:45~18:00 **전화** 0134-33-1993

베네치아 미술관 北一ヴェネツィア美術館
주소 小樽市堺町5-27 **위치** JR 미나미오타루(南小樽)역에서 도보 10분 **시간** 8:45~18:00 **가격** 700엔(성인), 500엔(고등학생, 대학생), 350엔(초등학생, 중학생) **전화** 0134-33-1717

기타이치 하나조노점 北一硝子花園店
주소 小樽市花園1-6-10 **위치** JR 오타루(小樽) 역에서 도보 8분 **시간** 10:30~16:30 **가격** 900~1,500엔(유리컵 조각 체험 비용) *제작 체험 가능 **전화** 0134-33-1991

기타이치 견학 공방 北一見学硝子工房
주소 小樽市堺町6-7 **위치** JR 미나미오타루(南小樽)역에서 도보 10분 **시간** 9:30~16:30 **휴무** 매주 화요일 *유리 공예 견학 가능

영화 〈러브레터〉의 배경이 된 고풍스러운 건물

기타노 월가 北のウォール街 [키타노 우로루가이]

주소 小樽市色内2-9 **위치** JR 오타루(小樽)역에서 도보 15분

오타루 운하가 번영하던 시기에 일본 각 지역의 은행들이 오타루에 지점을 내고 무역 회사들이 몰려들면서 북쪽의 월 스트리트라는 별명을 가지게 됐다. 거리 곳곳에 역사적 가치가 높은 고풍스러운 건물들이 많이 남아 있고 아직까지 은행으로 이용되는 곳도 있지만 대부분의 여행객을 위한 호텔과 기념품 숍으로 사용되고 있다. 영화 〈러브레터〉에서 자주 등장하는 교차로의 건물은 구 홋카이도 척식 은행 건물로 현재는 바이브런트 호텔이 들어서 있다.

창고 건물 가득한 오타루 캔들의 향기

오타루 캔들 공방 小樽キャンドル工房 [오타루 칸도루 코-보-]

주소 小樽市堺町1-27 **위치** JR 오타루(小樽)역에서 도보 15분 **시간** 10:00~19:00(체험 접수 10:00~18:00/ 11~4월은 10:00~17:00) **휴무** 목요일, 금요일(카페만) **가격** 1,080엔(큐브 캔들, 20분), 2,160엔(케이크 캔들, 30분), 2,700엔(아로마 필러 캔들, 30분) **홈페이지** www.otarucandle.com **전화** 0134-24-5880

오타루 운하와 이어진 듯한 묘켄 강변 창고 건물에 있는 양초 전문점이다. 창고 건물을 뒤덮은 담쟁이덩굴이 여름에는 녹색, 가을에는 붉은색으로 물들어 건물을 돋보이게 한다. 공방에서 제작된 오리지널 양초와 크리스마스 소품 등을 판매하고 있고 카페도 운영하고 있다. 양초를 구입하는 것 외에 30~60분 코스의 핸드메이드 양초 제작 체험도 인기다. 제작한 양초가 굳어지기까지 약 30분에서 1시간 정도가 소요된다.

언제나 크리스마스 분위기가 나는 앤티크 숍

오타루 낭만관 小樽浪漫館 [오타루 로만칸]

주소 小樽市堺町1番25号 **위치** JR 오타루(小樽)역에서 도보 15분 **시간** 9:30~18:00 **홈페이지** www.tanzawa-net.co.jp **전화** 0134-31-6566

1908년, 옛 백십삼 은행의 오타루 지점으로 지어진 유서 깊은 건물을 리뉴얼한 액세서리 숍으로, 이름 그대로 오타루의 낭만을 즐길 수 있다. 천연석을 이용한 액세서리와 유리 공예를 비롯한 다양한 잡화와 함께, 계절에 상관없이 크리스마스 소품을 판매하고 있다. 앤티크한 분위기의 카페에서 쇼핑 후 시간을 보내기도 좋다.

오타루의 상징

오타루 운하 小樽運河 [오타루 운가]

주소 小樽市港町5 **위치** JR 오타루(小樽)역에서 도보 10분

1923년에 완성된 길이 1.14km의 운하는 홋카이도 개척 시에는 많은 배가 오가는 곳이었지만 지금은 오타루를 대표하는 관광지다. 운하 주변은 벽돌로 지어진 오래된 창고들과 옛 가스등이 어우러져 이국적인 산책로를 만들어 주고, 특히 해가 지고 밤이 될수록 시간에 따라 주변의 색이 달라져 사진 촬영 장소로도 그만이다.

📷 아사쿠사바시　浅草橋 [아사쿠사바시]

오타루 운하가 가장 아름답게 담기는 곳으로, 촬영 장소로도 인기다.

📷 추오바시　中央橋 [츄오바시]

JR 오타루 역을 나와 직선 거리에 위치한 다리로, 크루즈 승선지다. 관광 안내소 등이 있어 사람들로 가장 붐비는 장소이기도 하다.

📷 북 운하　北運河 [키타운가]

추오바시보다 북쪽에 위치한 운하로, 한적하며 실제로 작은 배들이 있지만 오타루 운하 공원 외에는 볼거리가 별로 없는 편이다.

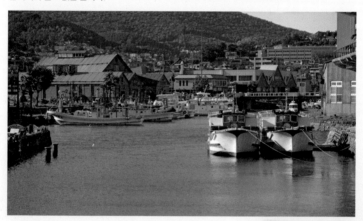

🔺TIP 오타루 유키아카리노미치 小樽雪あかりの路 [오타루 유키아카리노미치]
홈페이지 otaru.yukiakarinomichi.org

쌓인 눈과 그 속에 밝혀지는 촛불들로 아름다운 겨울 축제다. 매년 2월 초 약 열흘간 개최되며 매년 50만 명이 찾을 정도로 인기다. 지역 주민들과 자원봉사자들이 직접 만든 핸드메이드 오브제와 캔들로 그 어느 때보다 낭만적인 분위기가 연출된다.

inside 오타루 운하 교통 수단

🎥 오타루 운하 크루즈 小樽運河クルーズ [오타루 운가 크루-즈]

주소 小樽市港町5 **위치** JR 오타루(小樽)역에서 도보 10분 **요금** 데이 크루즈 : 1,500엔(일반), 500엔(초등학생) / 나이트 크루즈 : 1,800엔(일반), 500엔(초등학생) **홈페이지** otaru.cc/en/timetable

추오바시에서 출발해 북 운하까지 40분 정도 운항하는 크루즈로, 일몰 전까지 운행하는 데이 크루즈와 일몰 후 운행하는 나이트 크루즈로 구분된다. 가벼운 비나 눈이 와도 우비를 주거나 비닐 천막으로 막아 운행하며 천둥, 강풍 시에는 운행이 중단된다.

🎥 자전거 대여 レンタサイクル [렌타루 사이쿠루]

기타린 きたりん [키타링]

주소 小樽市稲穂3丁目22-2 **위치** JR 오타루(小樽)역을 나와 왼쪽 길로 가다 계단 위로 도보 2분 **가격** 1,000엔~(2시간)

2016년 오픈한 신생 렌털 숍으로 JR 오타루 역에서 가장 가까운 편이다.

차린코 오타루 ちゃりんこ・おたる [챠링코 오타루]

주소 小樽市稲穂2-7-9 **위치** JR 오타루(小樽)역에서 운하 방면으로 도보 5분 후 KFC 옆 **가격** 500엔~(1시간)

1시간부터 대여할 수 있지만 자전거 상태는 기대하기 힘들고 불친절하다는 평이 많다.

오타루 해상 관광선 小樽海上観光船 [오타루 카이죠 칸코-센]

주소 小樽市港町4-2 **위치** JR 오타루(小樽)역에서 도보 10분 **가격** 500엔~(2시간)

오타루 운하 크루즈 승차장 인근에 위치한 관광 유람선 선착장에서 유료 주차장과 자전거 대여를 함께 운영한다. 역에서는 가장 멀지만 2시간에 500엔이라는 저렴한 요금이 매력적이다. 바다 위를 운항하는 해상 유람선은 주변에 볼거리가 없어 많이 이용하지는 않는다.

🎥 인력거 人力車 [진리키샤]

위치 아사쿠사바시・추오바시에서 대기 **요금** 3,000엔~(1인, 12분), 4,000엔~(2인, 12분) *코스별로 다름

운하를 따라 코스별로 인근 관광지를 달리는 인력거 체험이다. 가격은 기본 10~15분 코스가 3,000엔부터 시작하는 다소 비싼 편이지만 잊지 못할 추억과 사진을 남길 수 있다.

예스러운 분위기의 식당가

오타루 데누키코지 小樽出抜小路 [오타루 데누키코지]

주소 小樽市色内 1丁目 1番地 **위치** JR 오타루(小樽)역에서 도보 15분, 오타루 운하 바로 옆 **시간** 11:00~ 20:00(음식점 대부분), 11:00~23:00(이자카야) *상점에 따라 시간 다름, 히노미야구라(전망대) 10:00~ 20:00(이벤트, 날씨에따라 시간 변경) **홈페이지** www.otaru-denuki.jp **전화** 0134-24-1483

오래전 운하에 들어오는 짐을 나르는 마차가 모여 있던 곳에 1860~1920년대 옛 거리의 풍경을 담은 건물들을 이전, 신축해서 지은 식당가다. 홋카이도식 양고기 요리인 징기스칸과 야키토리(꼬치구이), 해산물 덮밥 등 10여 곳의 음식점과 카페, 디저트 전문점, 이자카야가 있다. 화재 감시 역할을 하던 히노미야구라火の見櫓는 무료 전망대로 이용되고 있다.

오타루 맥주의 진수

오타루 창고 넘버원 小樽倉庫 No.1 [오타루 소코 남바 완]

주소 小樽市港町5-4 **위치** ❶ JR 오타루(小樽)역에서 도보 15분 ❷ 오타루 운하 바로 옆 **시간** 11:00~23:00 **휴무** 연중무휴 **요금** 맥주 주조소 견학 무료 **전화** 0134-21-2323

독일의 국가 인증 맥주 주조 장인을 초빙해 만드는 오타루 지역 한정 맥주인 오타루 맥주의 비어 펍이면서, 주조소이기도 하다. 주조소에서 만들어진 신선한 맥주를 바로 맛볼 수 있고, 무료로 주조소 견학을 할 수 있다. 견학을 하면 맥주 양조에 사용하는 맥아를 맛보거나 발효 전의 맥아즙을 시음하는 등 다양한 체험과 볼거리가 있다. 견학 소요 시간은 약 20분이다.

운하 바로 옆에 있는 회전 초밥집
간타로 函太郎 [킨타로]

주소 小樽市港町5-4 **위치** JR 오타루(小樽)역에서 도보 10분 **시간** 11:00~21:00 **가격** 162엔~ **전화** 0134 -26-6771

오타루 운하의 창고 건물을 이용하고 있는 대형 회전 초밥 전문점이다. 역사 깊은 오래된 건물을 이용하지만 내부는 리뉴얼 했기 때문에 예스러운 정서는 느껴지지 않는다. 가장 저렴한 스시는 162엔부터 시작하며 205엔, 291엔, 388엔 등 네타(초밥 위의 재료)에 따라 금액이 달라진다.

100년 이상의 전통 어묵 맛집
가마에이 かま栄 [카마에이]

주소 小樽市堺町3-7 **위치** JR 오타루(小樽)역에서 도보 15분 **시간** 9:00~19:00 **전화** 0134-25-5802

흰살 생선 반죽을 튀겨 만든 어묵을 뜻하는 '가마보코 かまぼこ'를 가마에이는 1905년부터 이어 온 전통의 가마보코 전문점이다. 이곳 오타루 공장 직매점은 바로 튀겨 내 따뜻하고 맛있는 어묵을 맛볼 수 있고, 가마보코가 만들어지는 과정을 유리창 너머로 견학할 수도 있다. 한편에는 어묵으로 만든 햄버거나 핫도그 등을 판매하는 카페도 마련돼 있다. 참고로 신치토세 공항 2층에도 매장이 있어 선물용이나 집에서 먹을 수 있는 진공팩 타입 어묵도 있으니 귀국 시 구입하는 것이 좋다.

오타루의 인기 회전 초밥집
와라쿠 和楽 [와라쿠]

주소 小樽市堺町3-1 **위치** JR 오타루(小樽)역에서 도보 15분 **시간** 11:00~22:00 **홈페이지** www.wara
ku1.jp **전화** 0134-24-0011

만화 《미스터 초밥왕》의 주인공 쇼타의 아버지가 초밥집을 운영하던 곳이 오타루의 스시야도리(초밥집 거리)다. 유명한 스시 전문점이 들어서면서 선택의 폭이 넓어졌지만 가격대가 높아진 것도 사실이다. 회전 초밥 와라쿠에서는 가장 저렴한 스시가 140엔부터 시작하며, 190엔, 240엔, 330엔 등으로 다양해 보다 합리적인 가격으로 식사를 할 수 있다. 삿포로의 하나마루 스시와 마찬가지로 언제나 웨이팅을 감안하고 방문해야 한다.

스시야도리를 대표하는 스시 전문점
오타루 마사즈시 おたる政寿司 [오타루 마사즈시]

70여 년의 긴 세월 동안 홋카이도 바다의 신선함을 전하고 있는 스시야도리(초밥집 거리)의 대표 스시집이다. 스시야도리의 본점과 오타루 운하 바로 옆의 젠안ぜん庵점 2개의 매장이 있으며, 도쿄의 긴자와 신주쿠에도 진출했다. 네타에 따라 가격은 다르지만 인기 메뉴는 하나마스はまなす(9관), 스즈란すずらん(9관)이며, 엄선된 스시 12관이 나오는 다쿠미匠도 있다. 외국인 관광객이 많이 찾는 곳이라 영어 메뉴, 포토 메뉴도 잘 갖추고 있으며 사전에 예약을 하고 방문하는 것이 좋다.

본점 本店

주소 小樽市花園1丁目1番1号 **위치** JR 오타루(小樽)역에서 도보 8분 후 스시야도리(초밥집 거리) **시간** 11:00~15:00, 17:00~21:30(월, 화, 목, 금), 11:00~16:00, 17:00~21:30(토, 일, 공휴일) **가격** 1,580엔(하나마스), 2,160(스즈란), 5,400(다쿠미) **전화** 0134-23-0011

젠안점 ぜん庵店

주소 小樽市色内1-2-1 **위치** JR 오타루(小樽)역에서 도보 15분 후 운하바로 앞 **시간** 본점과 동일 **전화** 0134-22-0011

오마카세 코스로 인기인 스시집

구키젠 群来膳 [쿠키젠] 🍴

주소 小樽市東雲町2-4 **위치** JR 오타루(小樽)역에서 도보 8분 **시간** 10:30~14:30, 17:30~20:30 **휴무** 화요일 **가격** 5,000엔(오마카세코스) **전화** 0134-27-2888

일본의 맛집 정보 사이트인 다베로그에서 전국 TOP 5,000에 선정되고, 미슐랭 가이드 홋카이도 특별판에서 별 2개를 받기도 한 스시 가게. 주방장이 알아서 준비해 주는 오마카세 메뉴는 5,000엔이며, 메뉴에 따라 요금이 조금 달라지기도 한다. 식사 속도에 맞추어 한 피스씩 접시에 올려 주기 때문에 보다 여유롭게 신선한 스시를 즐길 수 있다. 높은 인기에 비해 좌석은 15석밖에 없기 때문에 사전에 예약하는 것이 좋다.

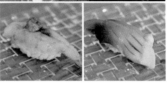

사진 촬영에 좋은 열차 길

구 데미야 선 철길 旧手宮線跡 [큐테미야마센 아토] 📷

주소 小樽市色内1-15-14 **위치** JR 오타루(小樽)역에서 도보 7분

1884년 홋카이도에 처음으로 부설된 열차 노선인 데미야 선의 폐선 자취다. 1985년 노선이 폐선됐지만 일부 구간은 역사적 유적으로 그대로 보존되고 있으며, 누구나 자유롭게 들어갈 수 있다. 큰 볼거리는 아니지만 열차 노선을 배경으로 분위기 있는 사진 촬영을 하려고 연인이나 가족들이 즐겨 찾는다.

추오바시 교차점에 위치한 관광 안내소
오타루 운하 플라자 小樽運河プラザ [오타루 운가 푸라자]

주소 小樽市色内2-1-20 **위치** JR 오타루(小樽)역에서 도보 8분 **시간** 9:00~18:00(7,8월 9:00~19:00) **홈페이지** otaru.gr.jp **전화** 0134-33-1661

역사적 건조물로 지정된 1893년 지어진 구 오타루 창고 건물에 있는 관광 안내소다. 오타루 여행의 최신 정보 자료와 팸플릿이 비치돼 있고 한국어를 구사하는 직원도 상주하고 있다. 특산품을 판매하는 코너와 휴식 코너, 카페 등이 있어 잠시 쉬어 가기에도 좋고, 넓은 실내에서는 전시회가 열리기도 한다. 영화 〈러브레터〉에서 나카야마 미호가 오타루 유리 공방을 찾던 장소로도 등장했던 곳이다.

요리 술 혼미린과 오타루 기념 사케 구입은 여기서
다나카 주조 본점 田中酒造 本店 [타나카 슈조- 혼텐]

주소 小樽市色内3丁目2番5号 **위치** JR 오타루(小樽)역에서 도보 12분 **시간** 9:00~18:00 **홈페이지** www.tanakashuzo.com **전화** 0134-23-0390

오타루 지역을 대표하는 사케, 다카라가와宝川와 홋카이도 하이그레이드 식품으로 선정된 요리 술 혼미린本みりん으로 유명한 다나카 주조의 본점이다. 1927년 건축된 목조 건물이 인상적이며 사케 이외에도 여행 선물로 좋은 사케 만주, 도라야키, 생캐러멜 등도 판매하고 있다. 콜라겐과 비타민C를 첨가하고, 블루베리, 복숭아, 매실 등으로 향을 낸 '오타루 비진小樽美人(오타루 미인)'도 인기 아이템이다.

영화 〈러브레터〉 주인공이 일하던 도서관이 있는 공원

운하 공원 運河公園 [운가 코-엔]

주소 小樽色内 1 丁目 6   **위치** JR 오타루(小樽)역에서 도보 20분

중앙에 분수가 있고 창고 건물에 둘러싸인 공원은 예전에 운하와 이어져 배를 정박하던 장소였다. 공원에서 가장 눈에 띄는 건물은 구 일본우선 오타루 지점旧日本郵船 小樽支店이

다. 1906년 유럽 양식으로 지어진 메이지 시대 대표 석조 건축물로 일본 중요 문화재로 지정돼 있고, 지금은 자료관으로 일반에 공개하고 있다. 영화 〈러브레터〉에서 여자 주인공이 일하던 도서관으로 나오기도 했다. 여행객들이 많이 찾는 지역에서 조금 떨어져 있지만 오

히려 한적해 오타루만의 여유와 낭만을 즐길 수 있다.

구 일본우선 오타루 지점 旧日本郵船 小樽支店
주소 小樽市色内3丁目7番8号   **시간** 9:30~17:00
휴관 화요일   **요금** 300엔(성인), 100엔(고등학생), 중학생이하 무료   **전화** 0134-22-3316

증기 기관차를 타 볼 수 있는 박물관

오타루 시 종합 박물관 小樽市総合博物館 [오타루시 소-고- 하쿠부츠칸]

오타루 교통 기념관과 청소년 과학 기술관 등 몇 개의 박물관이 합병하면서 생긴 종합 박물관으로, 본관과 운하관이 있다. 오타루 운하 바로 앞, 운하 플라자 옆에 있는 운하관에서 본관까지는 도보 20분이 소요될 만큼 멀리 떨어져 있으니 참고하자. 여행객들이 많이 가는 사카이마치도리와 반대 방향에 있어 우리나라 여행객들이 많이 찾는 곳은 아니지만 본관에서는 1909년에 제작된 증기 기관차 아이언호스를 탑승할 수 있는 등 다양한 즐길 거리가 있다.

본관 本館
주소 小樽市手宮1-3-6   **위치** ❶ JR 오타루(小樽)역에서 버스 이용(약 10분) ❷ 운하관에서 도보 20분
시간 9:30~17:00   **휴관** 화요일, 12월 29일~1월 3일   **가격** 400엔(성인), 200엔(고등학생), 중학생 이하 무료   **전화** 0134-33-2523

운하관 運河館
주소 小樽市色内2-1-20   **위치** JR 오타루(小樽)역에서 도보 10분, 운하 바로 앞   **시간** 9:30~17:00   **휴관** 화요일, 12월 29일~1월 3일   **요금** 300엔(성인), 150엔(고등학생), 중학생이하 무료

다양한 바다 동물들의 쇼를 볼 수 있는 수족관

오타루 수족관 おたる水族館 [오타루 스이조쿠칸]

주소 小樽市祝津3丁目303番地 **위치** JR 오타루(小樽)역에서 추오 버스로 약 25분(어른 220엔, 어린이 110엔) **시간** 9:00~17:00 **휴관** 2월 말~3월 중순, 11월 말~12월 중순 *영업시간과 휴관일은 시즌마다 조금씩 변경되니 방문 전 공식 사이트에서 확인 **요금** 1,400엔(어른), 530엔(초등학생 중학생), 210엔(3세 이상) **홈페이지** uu-hokkaido.kr **전화** 0134-33-1400

JR 오타루역에서 차로 약 15분, 버스로 약 25분 떨어진 곳에 위치한 홋카이도를 대표하는 수족관이다. 홋카이도에 서식하는 희귀 생물과 물고기를 중심으로 한 수족관 본관과 돌고래 쇼를 개최하는 돌고래 스타디움, 다양한 해양 포유류를 만날 수 있는 바다 동물 공원으로 구성돼 있다. 돌고래와 펭귄, 바다 코끼리, 바다 사자 등 여러 바다 동물들이 펼치는 다채로운 쇼가 아이들에게 인기가 좋아, 오타루 운하와는 조금 떨어져 있지만 아이와 함께하는 가족 여행객이 방문하기에 좋다.

추오 버스 中央バス 시간표

오타루 역 → 오타루 수족관		오타루 수족관 → 오타루역	
11번(산 쪽 경유)	10번(바다 쪽 경유)	11번(산 쪽 경유)	10번(바다 쪽 경유)
매일 9:00~15:00		매일 10:00~16:00	
매시각 10분/40분	매시각 50분	매시각 10분/40분	매시각 20분

* 10번 버스의 경우, 각 시각 8분 전에 오타루 운하 터미널에서 출발하거나, 도착하기 때문에 운하 거리 관광 후에 탑승하거나, 수족관 관광 이후 운하 터미널에 내려 운하 거리를 둘러봐도 좋다.

오타루 시내와 바다를 볼 수 있는 전망대

덴구산 天狗山 [텐구야마]

주소 小樽市最上2-16-15 **맵코드** 164 627 302 * 05 **위치** 오타루 운하 버스 터미널, JR 오타루(小樽)역에서 9번 버스 이용 후 덴구산 로프웨이까지 약 20분(편도 220엔, 20~30분 간격 운행) **시간** 9:30~21:00(로프웨이) **가격** 1,140엔(로프웨이 왕복 성인), 570엔(로프웨이 왕복 어린이) **전화** 0134-33-7381

오타루 시의 배후에 있는 표고 352m의 산으로, 지도상으로는 남서쪽에 위치해 있다. 산 정상에는 전망대와 스키장, 스키 자료관, 산 이름과 관련 있는 덴구에 관한 물건을 전시하고 있는 덴구의 관, 레스토랑 등이 있다.

---

 inside 덴구산

덴구산 로프웨이 天狗山ロープウエイ [텐구야마 로-푸웨이]
시간 9:30~21:00 **요금** 1,140엔(왕복 성인), 570엔(왕복 어린이)

버스 정류장과 연결되는 산기슭에서 30인승의 로프웨이를 이용하면 4분만에 정상에 이를 수 있다. 로프웨이를 이용해 정상에 오르면 오타루시와 오타루 앞의 이시카리만石狩湾의 풍경이 펼쳐진다. 덴구산의 전망은 홋카이도 3대 야경으로 불린다.

TIP 덴구 天狗 [텐구]
일본 전설 속에 등장하는 괴물이자 영산에 사는 산신으로 여겨지기도 한다. 지역에 따라 다양한 모습으로 표현되는데, 주로 붉은 얼굴에 코가 길고 크다. 코에는 마력이 있어 코를 만지면 마귀를 쫓고, 바라는 것이 이루어진다는 전설이 있다.

무색투명한 알칼리성 온천

아사리가와 온천 朝里川温泉 [아사리가와 온센]

주소 小樽市朝里川温泉 1 丁目504 **위치 ❶** JR 오타루(小樽)역 추오 버스 터미널 2번 승차장에서 아사리가와 온천행(朝里川温泉行) 버스 탑승(약 20분/ 220엔) **❷** JR 오타루(小樽)역에서 택시로 15분(약 2,000엔) **❸** JR 오타루치코(小樽築港)역에서 택시로 10분(약 1,300엔)

오타루역에서 차로 약 15분 거리에 위치한 작고 한적한 온천지로, 열 채 정도 되는 료칸과 호텔들이 산간에 둘러싸여 들어서 있다. 1954년 개탕한 아사리가와 온천은 무색투명한 알칼리성 온천으로 누구에게나 부담 없이 잘 맞고 피부에 부드러운 온천 수질을 가지고 있다. 숙소에서 오타루치코小樽築港역까지 픽업 서비스(송영 서비스)를 제공하거나, 택시로도 약 10분 거리로 가까워 오타루에서 온천지를 찾는다면 아사리가와 온천을 이용하면 된다.

---

 inside 아사리가와 온천

오타루 고라쿠엔 おたる宏楽園 [오타루 코-라쿠엔]

주소 小樽市新光5丁目18番2号 **위치 ❶** JR 오타루(小樽)역 추오 버스 터미널 2번 승차장에서 아사리가와 온천행(朝里川温泉行) 버스 타고 고라쿠엔(宏楽園) 버스 정류장에서 하차(약 23분/ 220엔) **❷** JR 오타루치코(小樽築港)역에서 택시로 10분 **요금** 22,000엔~ **홈페이지** www.otaru-kourakuen.com **전화** 0134-54-8221

넓고 아름다운 일본식 정원이 있는 고라쿠엔 료칸은 아사리가와 온천을 대표하는 료칸이다. 2014년 말에 화재로 영업이 중단됐다가 리뉴얼 공사를 마치고 재개하면서 낙후된 시설도 보완돼 더욱 인기를 누리고 있다. 5월 초에는 료칸으로 들어가는 입구 양쪽으로 200그루의 벚꽃 나무가 만개해 오타루의 벚꽃 명소로도 유명하다.

오타루 료테이 구라무레

小樽旅亭 藏群 [오타루 료테이 쿠라무레]

주소 小樽市朝里川温泉2-685 **위치 ❶** JR 오타루(小樽)역 추오 버스 터미널 2번 승차장에서 아사리가와 온천행(朝里川温泉行) 버스 타고 온센사카우에(温泉坂上) 버스 정류장에서 하차(약 30분/ 330엔) **❷** JR 오타루치코(小樽築港)역에서 무료 송영 운영(예약제) **요금** 36,720엔~ **홈페이지** www.kuramure.com **전화** 0134-51-5151

'창고 무리'라는 의미의 구라무레는 이름처럼 창고와 같은 독특한 외관이 특징이다. 내부는 디테일 하나하나에 신경을 쓴 모던한 분위기로, 홋카이도에서도 손에 꼽히는 고급 료칸이다.

오타루 아사리 크랏세 호텔

小樽朝里クラッセホテル [오타루 아사리 쿠랏세 호테루]

주소 小樽市朝里川温泉2丁目676 **위치 ❶** JR 오타루(小樽)역 추오 버스 터미널 2번 승차장에서 아사리가와 온천행(朝里川温泉行) 버스 타고 온센사카우에(温泉坂上) 버스 정류장에서 하차(약 30분/ 330엔) **❷** JR 오타루치코(小樽築港)역에서 택시로 15분 **요금** 13,000엔~ **홈페이지** www.classe-hotel.com **전화** 0134-52-3800

아사리가와의 자연에 둘러싸인 리조트형 온천 호텔이다. 일본식 다다미 객실이나 호텔식 양실도 있고 조식만 포함해서도 예약이 가능하다. 실내 수영장이나 테니스 코트 등 부대시설도 충실하다.

📷 요이치 증류소 余市蒸留所 [요이치 죠-류-쇼]

주소 余市郡余市町黒川町7-6 **맵코드** 164 635 843 * 13 **위치** 오타루에서 JR 열차를 이용해 삿포로 반대방향으로 약 30분(360엔) 후 JR 요이치(余市)역에서 도보 3분 **시간** 9:00~17:00 **휴무** 12월 25일~1월 7일 **요금** 무료 **홈페이지** www.nikka.com/guide/yoichi **전화** 0135-23-3131

삿포로 스스키노에 있는 커다란 광고 간판으로 익숙한 니카 NIKKA 위스키의 공장이다. 1900년대 초에 스코틀랜드의 기술을 도입해 창업한 니카 위스키는 세계적으로 인정받은 싱글 몰츠 위스키로, 홋카이도의 명물이기도 하다. 처음 위스키를 만들기 시작할 때는 좋은 반응을 얻지 못해, 사과 주스, 사과 와인도 판매하면서 위스키와 함께 대표 상품으로 자리 잡았다. 넓은 부지 곳곳에 있는 공장 건물 안에는 위스키 증류 과정 등을 소개하고 있고, 본관 건물인 니카 회관 1층에서는 위스키나 여행 기념품을 판매하는 공식 매장이 있고, 2층에는 무료 시음을 할 수 있다. 단, 시음을 위해서는 시설에 배치된 시음 신청서를 작성해야 한다.

샤코탄 반도 積丹半島

홋카이도 유일의 해중 공원

홋카이도 서쪽 끝에 길쭉하게 튀어나온 샤코탄 반도는 홋카이도 유일의 해중 공원으로 아름다운 풍경이 펼쳐진다. 특히 이곳의 에메랄드빛 바다의 색을 '샤코탄 블루'라 부르기도 한다. 아름다운 풍경과 함께 여름철에는 성게가 많이 잡히는 곳이라 미식가들이 많이 찾는다. 대중교통을 이용해서 방문할 수도 있지만 삿포로에서 하루 1편, 오타루에서 하루 4편밖에 버스가 운행하지 않고, 12월부터 3월까지는 샤코탄 반도의 끝인 가무이 미사키까지는 버스가 운행하지 않는다. 삿포로에서 왕복 6시간, 오타루에서 왕복 4시간 소요되지만 실제 이곳에서 관광을 하는 시간은 2시간 남짓. 대중교통이 아닌 정기 관광버스나 렌터카를 이용하는 것이 좋은데 겨울철에는 정기 관광버스도 운행을 하지 않고 강한 바람이 불기 때문에 가무이 미사키는 입장이 제한되는 경우가 많다.

찾아가기

삿포로에서 샤코탄 반도의 가무이 미사키까지는 약 100km로 렌터카를 이용하면 2시간 정도 소요된다. 버스를 이용할 경우는 삿포로에서 3시간, 오타루에서 2시간 20분 정도 소요되며, 버스 정류장에서도 많이 걸어야 하기 때문에 대중교통은 피하는 것이 좋다. 샤코탄 반도까지의 추오 버스 공식 정기 관광버스는 동절기에는 운영하지 않는다.
맵코드 932 582 634 * 08 (가무이 미사키)

추오 버스 中央バス 시간표

삿포로~샤코탄 반도(오타루 경유) ※동계(12~3월)에는 삿포로-비쿠니 구간만 운행	
삿포로 – 오타루 – 요이치 – 비쿠니 – 가무이 미사키 9:15 – 10:25 – 10:54 – 11:35 – 12:28	가무이 미사키 – 비쿠니 – 요이치 – 오타루 – 삿포로 13:43 – 14:38 – 15:14 – 15:55 – 17:00
오타루~샤코탄 반도	
오타루 – 요이치 – 비쿠니 – 가무이 미사키 7:00 – 7:35 – 8:23 – 9:18 9:00 – 9:35 – 10:23 – 11:18 12:00 – 12:35 – 13:23 – 14:18	가무이 미사키 – 비쿠니 – 요이치 – 오타루 10:14 – 11:00 – 11:49 – 12:25 12:14 – 13:00 – 13:49 – 14:25 15:14 – 16:00 – 16:49 – 17:25

추오 버스 샤코탄 투어

요금 7,900엔(성인), 5,450엔(어린이) **소요 시간** 10시간 20분 **코스** 삿포로 출발 – 요이치 니카 위스키 공장 – 시마무이 해안 – 점심 식사 – 가무이 미사키 – 샤코탄 수중 전망선 – 삿포로 도착 **예약** 011-799-0391 (우리나라에서 예약 시 인터넷 전화 070-4327-8607) **홈페이지** teikan.chuo-bus.co.jp/ko

🔵 가무이 미사키 神威岬 [카무이 미사키]

주소 積丹郡積丹町神岬町 **맵코드** 932 582 634 * 08 **위치** 추오 버스 샤코탄요베쓰 버스 정류장에서 차로 약 5분, 도보 약 40분 **시간** 8:00~17:30(4, 8~10월), 8:00~18:00(5, 7월), 8:00~18:30(6월), 10:00~15:00(12, 1~3월)

샤코탄 반도의 끝에 있는 곶으로 길게 뻗은 산책로를 따라가면 양쪽으로 다이내믹한 바다 풍경이 펼쳐진다. 지구가 둥글다는 것을 확실히 실감할 수 있고 초여름에는 노란색 원추리 꽃의 일종인 에조칸조蝦夷甘草가 장관을 이룬다. 가무이 미사키 전체를 둘러보는 데는 40~50분이 소요되며, 선단에 있는 하얀 등대까지는 갈 수 없다. 계절에 따라 입장할 수 있는 시간이 정해져 있으며 비와 바람이 심한 경우에는 입장이 제한되기도 한다.

가무이 이와 神威岩 [카무이 이와]

위치 가무이 미사키 내

오래전 사모하던 남자를 따라 이곳까지 찾으러 왔지만 이미 바다 저편으로 떠난 것을 알고 몸을 던져 바위가 됐다는 전설이 있다. 이 바위는 질투가 심해 여자가 오면 풍랑을 일으킨다고 해서 실제로 1855년까지 여성의 출입이 제한됐다고 한다.

🔵 오쇼쿠지도코로 미사키

お食事処 みさき [오쇼쿠지도코로 미사키]

주소 積丹郡積丹町日司町236 **위치** 추오 버스 샤코탄요베츠 버스 정류장에서 차로 7분(도보 45분) **시간** 8:00~17:00 **휴무** 매월 둘째, 셋째 주 수요일 **전화** 0135-45-6547

샤코탄의 명물인 성게를 맛볼 수 있는 음식점으로 주인이 직접 채취한 성게를 사용한다. 성게, 연어알, 게살이 들어간 삼색돈(2,150엔), 성게가 가득한 나마우니돈(2,350엔)이 인기 메뉴며 정식 메뉴나 조개구이 메뉴도 있다.

🔵 시마무이 해변

島武意海岸 [시마무이 카이간]

주소 積丹郡積丹町入舸町 **맵코드** 932 747 322 * 48 **위치** 추오 버스 샤코탄요베츠 버스 정류장에서 차로 15분

샤코탄 미사키에서 동쪽으로 1km 거리에 있는 절벽으로 둘러싸인 해변이다. 해변의 전망대로 가려면 작은 터널을 지나야 하며, 전망대에 오르면 왼쪽으로 샤코탄 미사키가 보이고 오른쪽으로는 해변이 보인다. 큰 규모는 아니지만 그 아름다운 풍경은 일본의 바닷가 100선에 선정되기도 했다.

HOKKAIDO

노보리베쓰

登別

일본을 대표하는 3대 온천 중 하나인 노보리베쓰의 유황 온천으로

삿포로에서 한 시간 반 정도 떨어진 곳에 위치한 노보리베쓰 시는 인구 약 5만 명 정도의 작은 도시. 아이누 어로 '백탁한, 색이 짙은 강'이라는 의미를 가지고 있는 도시의 이름처럼 우윳빛 유황 온천으로 가장 유명하다. 홋카이도를 너머 일본을 대표하는 3대 온천 중 하나로 꼽힐 만큼 많은 유량과 아홉 가지 종류의 원천수 그리고 좋은 수질을 자랑해 매년 300만 명이 넘는 관광객이 온천을 즐기러 방문하고 있다. 마을에 도착하면 코를 찌르는 유황 냄새, 곳곳에 위치한 도깨비상, 지옥을 떠올리게 한다는 화산 가스 자욱한 지옥 계곡 등 노보리베쓰만이 가진 풍정 가득한 시간을 보낼 수 있다.

노보리베쓰 BEST COURSE

⭐ 노보리베쓰 온천 터미널 ──도보 10분──▶ ⭐ 지옥 계곡 ──도보 15분──▶

⭐ 노보리베쓰 온천 거리 ◀──도보 20분── ⭐ 오유누마

오유누마
大湯沼

오유누마 족욕장

보로 노구치 노보리베쓰
望楼NOGUCHI登別

노보리베쓰 세키스이테이
登別 石水亭

지옥 계곡
地獄谷

료테이 하나유라
旅亭 花ゆら

다이이치 다키모토칸
第一滝本館

라멘 엔야
ラーメンえんや

온천 시장
温泉市場

노보리베쓰 온센쿄 다키노야
登別温泉郷 滝乃家

노보리베쓰 온천 거리
登別温泉街

노보리베쓰 로프웨이
登別温泉ロープウェイ

노보리베쓰
온천 터미널

노보리베쓰 다테 지다이무라
登別伊達時代村

노보리베쓰 찾아가기

삿포로에서 하코다테 가는 도중에 위치한 노보리베쓰 온천. 삿포로 시내보다 공항에서 가는 것이 조금 더 가깝다. JR 열차와 버스를 이용해서 갈 수 있는데, 버스 요금이 열차 요금의 절반 정도밖에 되지 않기 때문에 대부분 버스를 이용한다.

고속버스 삿포로 시내 또는 신치토세 공항에서 고속버스를 이용해 노보리베쓰 온천으로 이동할 수 있다. 노보 리베쓰 온천까지 바로 가는 버스는 삿포로에서 하루 1편, 신치토세 공항에서 하루 2편뿐이며, 대부분의 버스는 노보리베쓰 히가시IC登別東IC, 노보리베쓰登別에서 노보리베쓰 온천登別温泉행 버스로 환승해야 한다.

- 삿포로역 버스 터미널에서 고속버스 이용(1회 환승, 약80분 소요 / 1,950엔)
- 삿포로역 버스 터미널에서 직행버스 이용(약70분 소요 / 1,950엔)
  : 삿포로역 출발 시간 14:00 / 노보리베쓰 출발 시간 10:00
- 신치토세 공항에서 고속버스 이용(1회 환승, 약70분 소요 / 1,370엔)
- 신치토세 공항에서 고속버스 직행버스 이용(약60분 소요 / 1,370엔)
  : 신치토세 공항 출발 시간 12:00, 13:15 / 노보리베쓰 출발 시간 9:50, 11:00

JR 열차 삿포로와 하코다테를 연결하는 JR 열차 노선 하코  다테 본선函館本線에 노보리베쓰역이 있다. JR 홋카이도 레일 패스를 이용하는 경우가 아니라면 삿포로와 신치토세 공항에서 노보리베쓰 온천까지는 버스를 이용하는 것이 저렴하다.

- 삿포로에서 특급 열차 이용(약1시간 10분 소요 / 4,480엔)
- 신치토세 공항에서 쾌속 에어포트 타고 미나미치토세역까지 이동 후 특급 열차로 환승(약1시간 소요 / 3,240엔)
- 하코다테에서 특급 열차 이용(약2시간 25분 소요 / 6,890엔)
※JR 노보리베쓰역에서 노보리베쓰 온천 버스 터미널까지 노선버스 이용(약20분 소요 / 330엔)

료칸 송영 버스 노보리베쓰 온천의 료칸, 온천 호텔 중에는 숙박 예 약을 하면 무료 송영을 제공하거나, 500~1,000엔 정도로 셔틀버스를 이용할 수 있는 곳들이 있다. 세키스이테이와 보로노구치 료칸은 삿포로 시내뿐만 아니라 공항에서도 셔틀버스를 운영하고 있어, 여행 첫째 날 또는 마지막 날을 료칸에서 숙박하는 일정으로 하면 노보리베쓰까지의 교통비를 절약할 수 있다.

여행객을 맞이하는 노보리베쓰의 상징
노보리베쓰 환영 도깨비 登別 歡迎 鬼像 [노보리베츠 칸게이 오니조-]

주소 登別中登別町 **위치** 노보리베쓰 온천 마을 곳곳에 위치

날이 좋아서, 날이 좋지 않아서, 날이 적당해서 노보리베쓰를 방문하는 여행객을 모두 반갑게 맞이해 주는 노보리베쓰의 상징 도깨비. 지옥 계곡 앞 염불 도깨비는 지금은 리뉴얼했지만 에도 시대(우리나라의 조선 시대)부터 이어져 왔다고 전해진다. 오유누마에는 각각 신장 5m와 2m의 아빠와 아들 도깨비親子鬼[오야코오니]가

있고, 고속 도로를 이용해 노보리베쓰를 방문하면 톨게이트를 지나 높이 18m, 무게 18t의 거대한 도깨비를 볼 수 있다.

노보리베쓰 온천의 중심지
노보리베쓰 온천 거리 登別溫泉街 [노보리베츠 온센가이]

주소 登別市登別溫泉町 **위치** 노보리베쓰 버스 터미널에서 지옥 계곡 입구까지 약 500m 거리

대형 온천 호텔, 료칸을 중심으로 발달한 온천 거리 노보리베쓰. 대부분의 온천 호텔에서 숙박을 하면 저녁 식사가 제공되며, 각 숙소에도 기념품 판매점이 있기 때문에 노보리베쓰 온천 거리는 크게 발달한 편은 아니다. 본격적인 식사를 하기 위한 식당보다는 기념품과 함께 간식거리를 파는 곳들이 대부분이다. 온천 거리 끝에는 지옥 계곡의 도깨비들을 관리하는 염라대왕을 모시고 있는 염마당閻魔堂[엔마도]이라는 사당이 있는데, 매일 10:00, 13:00, 15:00, 17:00, 20:00 지옥의 심판 시간에는 염라대왕이 무서운 표정으로 변하는 공연을 한다(5~10월에는 21:00 공연도 있음).

매콤한 지옥 라멘과 교자 맛집

라멘 엔야 ラーメンえんや [라-멘 엔야]

주소 登別市登別温泉町76 **위치** 노보리베쓰 온천 버스 터미널에서 도보 5분 **시간** 12:00~16:00, 22:00
~다음 날 1:00 **가격** 940엔(지고쿠 라멘), 1,050엔(시오 라멘), 550엔(교자)

오너 혼자 운영하는 라멘 가게이자 이자카야
다. 매운 지옥 라멘(지고쿠 라멘)과 새우 향 가
득한 에비 시오 라멘으로 유명하다. 지옥 라멘
은 미소, 쇼유 중에서 선택할 수 있고 인기가

좋아 오후에 재료가 떨어지면 맛볼 수 없다.
사이드 메뉴인 날개 달린 교자도 별미다. 염라
대왕 맞은편에 위치해 가볍게 들르기 좋다.

신선한 해산물이 가득한 시장

온천 시장 温泉市場 [온센 이치바]

주소 登別市登別温泉町50 **위치** 노보리베쓰 온천 버스 터미널에서 도보 5분 **시간** 10:30~21:00(쇼핑), 11:
30~20:30(식사) **가격** 1,580엔~(가이센돈) **홈페이지** www.onsenichiba.com **전화** 0143-84-2560

지옥 계곡, 산속에 위치한 노보리베쓰 온천에
서 해산물이라 하면 어색해 보일 수 있겠지만,
노보리베쓰 온천에서 노보리베쓰 항구까지는
차로 불과 30분 거리다. 가까운 항구에서 가
져오는 신선한 해산물 전문점으로 한편에는

식사할 수 있는 코너도 있다. 상점을 구경하며
새우나 게, 조개구이를 간식거리로 먹기도 좋
고, 식사 코너에서는 해산물 덮밥 가이센돈海
鮮丼 등의 메뉴도 판매하고 있다.

도깨비가 살 것 같은 지옥의 모습 분화구

지옥 계곡 地獄谷 [지고쿠다니]

주소 登別市登別温泉町無番地 **맵코드** 603 288 425 **위치** ❶ 노보리베쓰 온천 터미널에서 도보 10분 ❷ 노보리베쓰 온천 거리 끝, 다이이치 다키모토칸 료칸 근처

노보리베쓰 지역의 히요리산壮和山 분화에 의해 생긴 폭발 화구가 남겨진 자리다. 직경 약 450m, 면적 11ha의 계곡 곳곳에는 여전히 땅속의 뜨거운 온천수와 화산 가스가 뿜어져 나오고 있어 주변에 식물이 제대로 자라지 못하는 독특한 풍경을 연출하고 있다. 이러한 모습이 오래전부터 도깨비가 사는 지옥의 모습이 아닐까 하며

'지옥 계곡'이라 부르게 됐다. 지옥 계곡 입구에서 시작되는 나무 데크 산책로를 따라 지옥 계곡에서 오유누마까지 이어진다.

자연 속에서 온천욕을 만끽할 수 있는 곳

오유누마 大湯沼 [오유누마]

주소 登別市登別温泉町無番地 **위치** 지옥 계곡 산책로에서 도보 15분 **요금** 산책, 온천욕 무료

지옥 계곡과 마찬가지로 히요리산의 분화로 생성됐으며 둘레가 약 1km의 늪이다. 늪의 바닥에는 약 130℃의 유황천이 분출되며, 짙은 회색을 띠는 표면의 온도는 40~50℃에 이른다. 오유누마에서 가까운 곳에는 20세기 초 작은 화산 폭발로 생긴 둘레 10m의 늪인 다이쇼 지옥大正地獄이 있고, 다이쇼 지옥 옆으로는 오유누마에서 흘러내린 온천 계곡을 이용한 천연 족

욕탕이 있다. 원시림에 둘러싸여서 자연을 만끽하며 온천욕을 즐길 수 있다.

일본의 전통과 문화를 체험할 수 있는 민속촌

노보리베쓰 다테 지다이무라

登別伊達時代村 [노보리베츠 다테 지다이무라]

주소 登別市中登別町53-1 **맵코드** 603 169 318 **위치** 노보리베쓰 온천 거리에서 차로 약 10분 **시간** 9:00~
17:00(4~10월), 9:00~16:00(11~3월) **휴무** 연중무휴(동계에는 보수 점검을 위해 며칠 휴무) **요금** 2,900엔
(성인), 1,500엔(초등학생), 600엔(4세이상) **홈페이지** www.edo-trip.jp **전화** 0143-83-3311

우리나라 조선 시대와 동시대인 에도 시대를 재현한 민속촌이다. 당시의 건축물을 철저히 고증해서 재현한 목조 건물에 전통 의상을 입은 기녀의 무대나 닌자의 표창 던지기 같은 체험 시설이 있다. 세 가지 공연 관람이 포함돼 있기 때문에 홋카이도의 관광지 중 입장료가 가장 비싸고 이곳

을 제대로 관람하는 데는 2~3시간 정도가 필요하다. 세 가지 공연은 닌자의 액션쇼인 '닌자 가스미야시키忍者かすみ屋敷'와 게이샤가 등장하는 연극 '일본 전통문화 극장日本伝統文化劇場', 시기에 따라 다양한 전통극을 공연하는 '오에도 극장大江戸劇場'이다. 각 공연은 약 20~25분간 진행되며, 시기에 따라 공연 시간이 다르니 민속촌 입장을 하면서 시간을 확인하는 것이 좋다.

노보리베쓰 온천 료칸에서의 하룻밤

홋카이도를 대표하는 온천지 노보리베쓰 온천은 하루 1만 톤의 풍부한 유량과 온도도 40~90℃로 다양하며 온천 수질도 여러 가지가 있어 온천 백화점이라 불린다. 노보리베쓰에는 약 10여 개의 료칸이 있는데, 제각각 다른 온천 수질을 보유하고 있기 때문에 온천 순례를 하려면 하루 안에 모두 둘러보지 못할 정도다. 설경을 바라보며 즐기는 노천 온천은 누구나 그려 보는 일본 온천에 대한 환상이다. 실제로 그 느낌은 해본 사람밖에 모르는 특별한 경험이다. 만약에 12월에서 3월 중순 사이에 노보리베쓰에 방문한다면 눈 덮인 자연을 바라보며 노천 온천을 즐길 수 있다.

♨ 다이이치 다키모토칸 第一滝本館 [다이이치 타키모토칸]

주소 登別市登別温泉55 **위치** JR 삿포로(札幌)역 – 다키모토칸 간 전용 셔틀버스 와쿠와쿠호(わくわく号)로 약 2시간(예약제/ 하루 1편 운행, 편도 500엔) **요금** 13,000엔~ **홈페이지** www.takimotokan.co.jp **전화** 0143-84-2111

160년 전 다키모토칸의 창업자가 노보리베쓰 온천의 소문을 듣고 피부병에 걸린 아내를 데리고 갔더니 병이 치료돼, 그 효능에 놀라 숙박업을 시작했고, 그것이 노보리베쓰 온천 마을의 첫 숙박업소가 됐다. 풍부한 용출량과 다양한 온천 수질, 지옥 계곡 뷰의 7개 온천탕, 수영장 등이 3개 층에 분포돼 있고, 마시는 온천수인 음천飲泉까지 있어 그야말로 온천 테마파크라 해도 과언이 아니다. 가격대도 합리적이고 객실 수가 많아 성수기에도 예약이 어렵지 않다.

♨ 노보리베쓰 세키스이테이 登別 石水亭 [노보리베츠 세키스이테이]

주소 登別市登別温泉町203-1 **위치** ❶ JR 삿포로(札幌)역 – 세키스이테이 간 전용 무료 셔틀버스로 약 2시간(예약제/ 하루 1편 운행) ❷ 신치토세 공항 – 세키스이테이 간 전용 셔틀버스로 약 1시간(예약제/ 호텔행 하루 2편·공항행 하루 1편 운행, 편도 500엔) **요금** 8,000엔~ **홈페이지** www.sekisuitei.com **전화** 0143-84-2255

국내에서 한자 그대로 '석수정'으로 많이 불리는 노보리베쓰의 유명 온천 호텔로, 저녁과 아침 식사가 포함된 숙박 가격이 1인당 8~9만 원(비성수기, 2인 1실 기준) 정도로 매우 저렴하다. 삿포로 시내에서 호텔까지 무료, 신치토세 공항에서 호텔까지 500엔으로 이용할 수 있는 셔틀버스도 운행하고 있어 배낭여행객에게는 이보다 더 좋은 숙소가 없다.

🔵 보로 노구치 노보리베쓰　望楼NOGUCHI登別 [보로- 노구치 노보리베츠]

주소 登別市登別温泉町200番地　**위치** ❶ JR 삿포로(札幌)역 – 보로 노구치 노보리베쓰 간 전용 무료 셔틀버스로 약 2시간(예약제 / 하루 1편 운행) ❷ 신치토세 공항 – 보로 노구치 노보리베쓰 간 전용 무료 셔틀버스로 약 1시간(예약제 / 공항행 하루 2편·공항행 하루 1편 운행)　**요금** 31,000엔~　**홈페이지** www.bourou.com　**전화** 0143-84-3939

세련되고 모던한 디자인과 일본 특유의 전통미가 어우러진 와모던和 Modern 스타일의 럭셔리 료칸이다. 모든 객실이 스위트 룸으로, 객실 안에 전망 온천 시설을 갖추고 있다. 홋카이도를 중심으로 료칸 스타일 숙박업을 전개하는 노구치 관광 그룹의 고급 브랜드로 디자인이나 퓨전 가이세키를 중시하는 사람들에게 알맞은 료칸이며 어린이는 이용할 수 없다.

🔵 노보리베쓰 온센쿄 다키노야　登別温泉郷 滝乃家 [노보리베츠 온센쿄- 타키노야]

주소 登別市登別温泉町162　**위치** JR 노보리베쓰(登別)역에서 노보리베쓰 온천행(登別温泉行き) 버스 타고 노보리베쓰 온천 터미널(登別温泉ターミナル)에서 하차 후 도보 약 3분(자체 송영 서비스 없음)　**요금** 33,000엔~　**홈페이지** www.takinoya.co.jp　**전화** 0143-84-2222

노보리베쓰 온천 마을에서 가장 고급스러운 료칸으로, 건물 최상층에 위치한 노천 온천 '구모이노유雲井の湯'에서 바라보는 수려한 자연 경치가 특히 유명하다. 1인당 30만 원이 넘는 금액이지만 온천과 요리, 서비스, 료칸 분위기 모두 노보리베쓰에서 가장 좋은 평가를 받고 있다. 워낙 유명하고 인기 있는 데다 객실 수가 30실뿐이라서 예약이 빨리 마감되기 때문에 몇 달 전부터 예약을 해 두는 것이 좋다.

🔵 료테이 하나유라　旅亭 花ゆら [료테이 하나무라]

주소 登別市登別温泉町100　**위치** 삿포로 TV타워 – 하나유라가 전용 셔틀버스 마호로바호(まほろば号)로 약 2시간(예약제·8일 전까지, 하루 1편 운행, 편도 500엔)　**요금** 23,000엔~　**홈페이지** www.hanayura.com　**전화** 0143-84-2322

하나유라花ゆら는 '하늘거리는 꽃잎'이라는 의미로, 료칸 곳곳에서 꽃 장식을 발견할 수 있다. 노보리베쓰의 숙박 시설 중에서 고급 료칸에 속하지만 시설에 비해 숙박 금액이 비싼 편이다. 특히 객실 내 전용 노천탕이 있는 객실은 1박에 30만 원도 넘는데 온천탕은 노천이라 할 수 없을 만큼 개방감이 부족하다. 하지만 스태프들의 접객 서비스가 훌륭한 편이고 대형 온천 호텔보다는 소규모이기 때문에 온천 료칸만의 분위기를 느낄 수 있어 인기가 좋다.

HOKKAIDO

도야 호수

洞爺湖

아름답고 웅장한 자연을 품고 있는
도야 지역에서 즐기는 색다른 온천욕

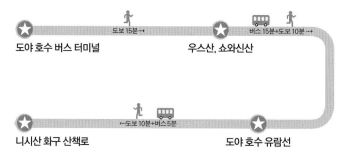

샷포로에서 2시간, 치토세 공항에서 1시간
30분 거리에 위치한 도야 지역은 시코쓰·도
야 국립 공원에 속해 있어 수려한 자연환경
을 가지고 있다. 화산 활동으로 형성된 칼데
라호, 도야 호수는 약 36.5km의 거대한 면
적으로, 호수로는 일본에서 아홉 번째, 칼데라호로
는 세 번째로 넓은 호수다. 세계 지오 파크로 인정될 만큼 아름답고 웅대한 자연으로 '일본
100경'과 '아름다운 일본의 걷고 싶은 길 500선'에 선정되기도 했다. 호수 주변에는 수량이
풍부한 온천지도 있어 바라보기만 해도 상쾌해지는 호수와 호수 중앙에 떠오른 섬들이 자아
내는 아름다운 풍경과 함께 온천욕을 즐길 수 있다.

도야 호수 BEST COURSE

⭐ **도야 호수 버스 터미널** ···도보 15분···→ ⭐ **우스산, 쇼와신산** 버스 15분+도보 10분···→

⭐ **니시산 화구 산책로** ←···도보 10분+버스 5분 ⭐ **도야 호수 유람선**

📷 레이크 힐 팜
　レークヒルーファー

Ⓗ 더 윈저 호텔 도야 리조트 앤 스파
　ザ・ウィンザーホテル洞爺リゾート＆スパ

📷 도야 호수
　洞爺湖

더 레이크 뷰 도야 노노카제 리조트
ザ レイクビュー TOYA乃の風リゾート

📷 도야 호수 유람선　　　Ⓗ Ⓗ 도야 고한테이
　洞爺湖遊覧船　　　　　　　洞爺湖畔亭

📷 니시산 화구 산책로
　西山火口散策路

🚉 JR 도야역
　JR 洞爺駅

　　　　　　　　　　　　　　　　　　　　　📷 쇼와
　　　　　　　　　　　　　　　　　　　　　昭和

로프웨이 우스산초역
有珠山頂駅　　　　　🚡

우스산 로프웨이
有珠山 ロープウェ

도야 호수 찾아가기

노보리베쓰와 마찬가지로 버스와 열차를 이용해 이동할 수 있지만, 노보리베쓰보다 멀리 떨어져 있고 교통편이 많지 않기 때문에 도야 호수를 방문하려면 렌터카를 이용하거나, 삿포로에서 하코다테로 이동하는 중간에 잠시 쉬었다 가는 정도의 일정으로 하는 것이 좋다. 삿포로에서 대중교통을 이용해 당일치기 일정도 가능하지만 대중교통을 이용하면 도야 호수를 제대로 둘러보기에 어려움이 있다.

노선버스　　고속버스가 아닌 일반 노선버스로 2시간 30분을 이동해야 한다. 좌석이 그 다지 편하지 않기 때문에 이동하는 데 불편함을 감수해야 하며 조잔케이, 루 스쓰 등을 경유한다. 버스는 하루 4편 운행하고 있다.

- JR 삿포로역 앞에서 일반 노선버스 이용(약 2시간 30분 소요 / 2,780엔)

JR 열차　　삿포로와 하코다테를 연결하는 JR 열차 노선 하코다테 본선函館本線에 도야역이 있다. 도야 역에서 도야 호수, 도야 호수 온천지까지는 노 선버스를 이용해야 한다.

- 삿포로에서 특급 열차 이용
  (약 1시간 50분 소요 / 5,920엔)
- 하코다테에서 특급 열차 이용(2시간 소요 / 5,490엔)
※JR 도야역에서 도야 호수 버스 터미널까지 노선버스 이용(약 15분 소요 / 330엔)

산으로 둘러싸인 칼데라 호수

도야 호수 洞爺湖 [토-야코]

주소 虻田郡洞爺湖町 **위치** 도야 호수 버스 터미널에서 도보 5분

11만 년 전 화산 폭발로 생긴 칼데라 호수이며, 원형에 가까운 호수 중앙에는 5만 년 전 화산 분화로 생긴 4개의 섬이 있다. 나카지마中島라 부르는 이 섬은 수천 년 전부터 별도의 생태계를 유지하고 있고 사슴들이 뛰노는 관경을 자연스럽게 확인할 수 있다. 아이누 어로 '호수의 연안'이라는 의미의 도야トーヤ에서 유래했고, 호수 주변을 산들이 둘러싸고 있는 지형 때문에 '산의 호수'라고 부르기도 했다. 4월 말부터 10월까지 매일 밤 호수에서 불꽃놀이가 펼쳐진다.

도야 호수에 떠있는 작은 성

도야 호수 유람선 洞爺湖遊覧船 [토-야코 유란센]

주소 虻田郡洞爺湖町洞爺湖温泉29番地 **맵코드** 321 452 753 **위치** 도야 호수 버스 터미널에서 도보 5분 **시간** 8:00~16:30(4월 말~10월 말, 나카지마 하선 가능), 9:00~16:00(10월 말~4월 중순, 나카지마 하선 불가) **요금** 1,420엔(성인), 710엔(어린이), 2,200엔(런치 크루즈 성인), 1,650엔(런치 크루즈 어린이) **전화** 0142-75-2137

유럽의 성을 모티브로 한 외관이 독특한 유람선이다. 약 50분간 투명한 도야 호수를 유람하며 나카지마에 들렀다 돌아오는데, 4월 말부터 10월 말까지는 나카지마에서 내려 산책을 하다가 30분 후에 오는 유람선을 이용해 돌아갈 수도 있다. 하루 3회 운항하는 런치 크루즈와 도야 호수의 명물인 불꽃놀이[花火[하나비] 시간에 맞춰 운항하는 하나비 크루즈도 있다.

화산 분화 후의 모습을 그대로 보존한 산책로

니시산 화구 산책로 西山火口散策路 [니시야마 카코- 산사쿠로]

주소 洞爺湖町洞爺湖温泉 **맵코드** 321 486 221 *20 **위치** 도야코온센 버스 터미널(洞爺湖温泉バスターミナル)에서 버스로 5분 거리인 니시야마유호도리구치(西山遊歩道入口) 버스 정류장 하차 후 도보 1분 **시간** 7:00~18:00(4월 20일~11월 말까지만 개방)

도야 호수를 둘러싸고 있는 산은 모두 화산이고 11만 년 전부터 화산 활동이 시작했다. 도야 호수의 화산 중 가장 최근에 발생한 화산이 니시산 화구며 2000년에 분화한 적 있다. 비교적 큰 분화였지만 미리 예측할 수 있었기 때문에 인명 피해는 전혀 없었고, 이때 무너진 가옥과 도로를 그대로 보존하고 있다. 약 2km 길이의 산책로를 따라 제1, 제2 전망대까지 화산의 위력을 실감하며 주변을 둘러볼 수 있다.

아름다운 풍경이 펼쳐지는 목장 카페

레이크 힐 팜 レークヒル・ファー [레-쿠히루 화-무]

주소 虻田郡洞爺湖町花和127 **맵코드** 321 694 504*24 **위치** 도야 온천 버스 터미널에서 차로 약 10분 **시간** 9:00~17:00(젤라토 숍/4월 말~10월 9:00~19:00), 9:00~17:00(카페·레스토랑) **전화** 0120-83-3376

후라노에나 있을 법한 아담하고 예쁜 목장 카페 레이크 힐 팜이다. 목장에서 짠 신선한 우유로 만든 젤라토와 페이스트리 안에 생크림을 가득 넣은 수제 밀크 파이가 인기 있고, 카레나 피자와 같은 간단한 식사 메뉴도 판매한다. 레이크 힐 팜의 가장 큰 매력은 요테이산을 배경으로 하고, 꽃밭과 목초 정원이 카페 앞에 펼쳐져 있어 아름답고 개방감 있는 풍경을 덤으로 즐길 수 있다는 점이다. 도야 호수 온천가에서 차로 10분 정도 떨어져 있지만 추천할 만한 장소다.

서서히 솟아 오른 붉은 화산

쇼와신산 昭和新山 [쇼와신잔]

주소 日本北海道有珠郡壮瞥町 **맵코드** 321 434 724*64 **위치** 도야 온천 버스 터미널에서 차로 약 10분

쇼와 시대인 1930년대에 서서히 분화하면서 지금의 모습을 갖추게 된 독특한 종상 화산으로, 일본의 특별 천연기념물로 지정돼 있다. 제2차 세계 대전 중이던 1944년 12월부터 1945년 9월까지 17회 분화와 함께 전원 지대가 서서히 융기했는데, 이로 인해 흉흉한 소문이 드는 것을 막기 위해 공식적인 발표와 관측이 이루어지지 않았다. 당시 우체국에서 일하던 미마스 마사오가 개인적으로 화산 분화를 기록했는데 이는 매우 희귀한 자료로 평가되고 있다. 쇼와신산 앞에는 그의 동상이 세워져 있고, 한편에는 기념관도 있다.

도야 호수와 쇼와신산의 풍경을 내려다보는 활화산

우스산 로프웨이 有珠山 ロープウェイ [우스잔 로-푸웨이]

주소 有珠郡壮瞥町字昭和新山184-5 **맵코드** 321 433 350 **위치** 도야 호수 버스 터미널에서 버스로 15분(겨울에는 버스 운행 없음) **시간** 8:00~18:00(15분 간격 운행/1회 106인 탑승) **가격** 1,500엔(성인), 750엔(어린이) **전화** 0142-75-2401

도야 호수의 남쪽, 2만 년 전 화산 폭발로 형성된 해발 737m의 활화산으로, 20세기에만 네 번의 화산 분화가 있었던 세계적으로도 드문 활발한 활화산이다. 1910년 비교적 큰 분화가 있었는데, 이 화산의 영향으로 지금의 도야 호수 온천 거리에 온천이 솟아나기 시작했다. 우스산과 쇼와신산을 연결하는 로프웨이를 이용해 우스산의 정상에 올라가면 산책로를 따라 도야 호수의 풍경과 함께 쇼와신산을 위에서 내려다볼 수 있다.

도야 호수 온천 료칸

호수가 바라보이는 한적한 온천지 도야 호수 온천은 앞으로는 도야 호수, 뒤로는 우스산과 쇼와 신산이 있어 자연의 혜택을 입은 화산과 호수의 온천지로 유명하다. 이러한 환경 때문에 자연스 레 온천 료칸들이 하나둘 개업했고 관광지로 각광받게 됐다. 마을에 무료 족욕탕도 있지만 호수 를 한눈에 담으며 온천욕을 즐길 수 있는 매력이 포인트이기 때문에 료칸에 숙박을 하며 충분한 시간을 보내는 것이 좋다.

🈂 도야 고한테이 洞爺湖畔亭 [토야 코한테이]

주소 虻田郡洞爺湖町洞爺湖温泉7-8 **위치** JR 삿포로 (札幌)역 – 고한테이 간 전용 무료 셔틀버스로 약 3시간 15분(예약제/ 하루 1편 운행) **요금** 9,000엔~(2식 포함) **홈페이지** www.toya-kohantei.com **전화** 0142- 75-2211

저렴한 가격으로 탁 트인 도야 호수의 절경을 바 라보며 숙박할 수 있는 실속 있는 온천 호텔이다. 삿포로에서 도야까지 일반 버스 이용 시 5,000엔 이 넘는데, 왕복 무료 셔틀버스와 저녁 식사, 다음 날 아침 식사까지 포함해서 10만 원 정도로 숙박할 수 있다. 1인 이용도 가능하고 식사 불포함 조건 등 플랜도 다양하다. 공식 홈페이지의 영문 페이지에서 쉽게 예약할 수 있다.

🌀 더 레이크 뷰 도야 노노카제 리조트

ザ レイクビュー ＴＯＹＡ 乃の風リゾート [자 레이쿠뷰- 토야 노노카제 리조-토]

주소 虻田郡洞爺湖町洞爺湖温泉29-1 **위치** JR 삿포로(札幌)역 - 노노카제 리조트 간 전용 무료 셔틀버스로 약 3시간 15분(예약제/ 하루 1편 운행) **요금** 16,500엔~(2식 포함) **홈페이지** nonokaze-resort.com **전화** 0142-75-2600

로비에서 바라보는 도야 호수의 전망이 압도적인 스파 리조트 노노카제는 와모던 스타일 료칸 체인으로 유명한 노구치 관광 그룹에서 운영하며 고한테이와도 같은 계열사지만 수준이 더 높고 주변에 위치한 호수 전망 시설 중에서 만족도가 가장 높이 평가된다. 모든 객실이 레이크 뷰이며 4월 말에서 10월 말 매일 밤 열리는 하나비 대회(불꽃놀이)를 노천 온천 입욕을 함께 즐길 수 있다. 고한테이와 함께 삿포로에서 호텔간 무료 셔틀버스를 운행한다.

🌀 더 윈저 호텔 도야 리조트 앤드 스파

ザ・ウィンザーホテル洞爺リゾート＆スパ [자 윈자- 호테루 토야 리조-토 안도 스파]

주소 虻田郡洞爺湖町清水 **위치** JR 도야(洞爺)역에서 호텔까지 왕복 운행하는 무료 셔틀버스로 약 40분(예약제/ 1일 5회 운행) **요금** 17,000엔~(숙박만) **홈페이지** www.windsor-hotels.co.jp **전화** 0142-73-1111

호텔 앞으로는 우치우라 만의 바다가 뒤로는 도야 호수의 전경이 펼쳐지는 럭셔리 리조트다. 산 정상에 위치해 호텔 어디에서나 수려한 전망을 즐길 수 있다. 프랑스 미슐랭 3스타의 레스토랑 'Bras'

와 교토 고급 요정 'Kitcho' 등 12개의 레스토랑이 있어 식사 불포함 조건으로 예약해 원하는 레스토랑에서 식사를 즐기는 것이 좋다. 골프와 승마, 스키, 크로스 컨트리 등 시즌별 액티비티 프로그램도 다양하고 기상 상황에 따라 환상적인 운해를 감상할 수도 있다. 1박보다는 2~3박 정도 머무르면서 휴식을 취하는 것이 좋다.

HOKKAIDO

하코다테

函館

**이국적인 하코다테 도시에서
즐기는 여유로운 관광**

홋카이도의 남단, 바다가 보이는 오시마 반도
에 위치한 하코다테. 교회나 서양 건축물들
이 많은 이국적인 항구 도시며 하코다테산에
서 바라보는 야경은 일본에서도 손에 꼽힐 만
큼 아름답다. 바다와 인접해 있어 신선한 해
산물 요리와 깔끔한 시오 라멘과 같은 맛있는
음식이 있고, 교외에는 역사 깊은 온천지 유노카와가
있는 등 독특한 매력들이 섞여 있다. 지역이 넓지 않
고 인구수가 적은 편으로 한가로이 산책하듯 관광할
수 있다.

 # 하코다테 BEST COURSE

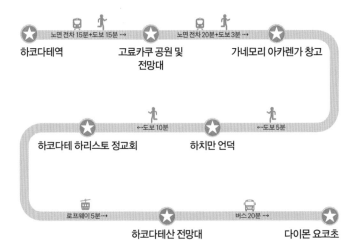

하코다테역 — 노면 전차 15분+도보 15분 → 고료카쿠 공원 및 전망대 — 노면 전차 20분+도보 3분 → 가네모리 아카렌가 창고

하코다테 하리스토 정교회 ← 도보 10분 — 하치만 언덕 ← 도보 5분

하코다테산 전망대 ← 로프웨이 5분 — 다이몬 요코초 ← 버스 20분

하코다테

오누마 국정 공원
大沼国定公園

하코다테 시 북방 민족 자료관
函館市北方民族資料館

오이치역
大町駅

구 하코다테 구 공회당
旧函館区公会堂

구 영국 영사관
旧イギリス領事館

모토이 언덕
基坂

하코다테 시 문학관
函館文学館

스에히로초역
末広町駅

가네모리 아카렌가 창고
金森赤レンガ倉庫

하코다테 하리스토스 정교회
函館ハリストス正教会

가톨릭 모토마치 교회
カトリック元町教会

하치만자카 언덕
八幡坂

하코다테 에이지로 피아로
はこだて明治館

하코다테 비어
Hakodate Beer

구 러시아 영사관
旧ロシア領事館

하코다테 성 요한 교회
函館聖ヨハネ教会

그림스비로 피아로
グリンスビー広場

일본 기리스토 교단 하코다테 교회
日本キリスト教団函館教会

시립 구사카이역
十字街駅

주지이마에
魚市場通り

우오이치바도리역
魚市場通り駅

하코다테산 전망대
函館山展望台

하코다테산 로프웨이
函館山ロープウェイ

고료이마에역
宝来町駅

JR 하코다테역
JR 函館駅

하코다테 아침 시장
函館朝市

하코다테 아침 시장 아지노이치방
函館朝市 味の一番

하코다테 아사이치 무라카미
むらかみ 函館朝市

하코다테 본점
函館本店

하코다테에기리마에역
函館駅前駅

하코다테 택기 피아로
函館ラッキーピエロ

우니 무라카미 하코다테 시점
うに むらかみ 函館本店

고료가쿠 공원 방면
五稜郭公園方向

다이몬 요코초
大門横丁

라피스타 하코다테 수도인
ラビスタ函館修道院

마쓰카제초역
松風町駅

신카와초역
新川町駅

시야쿠쇼마에역
市役所前駅

고료가쿠 공원 방향
五稜郭公園方向

고료가쿠 공원
五稜郭公園

고료가쿠 타워
五稜郭タワー

하코다테 택기 피아로 고료가쿠
函館ラッキーピエロ 五稜郭店

유노카와 온천 방향
湯の川温泉方向

유노카와온센마에역
湯の川温泉前駅

유노카와 온천
湯の川温泉

유모토 닷키소 이노우에
元祖 旭湯本

핫토리 보타 유료 료칸
割烹旅館若松

라포르 노구치 하코다테
花榛樓 NOGUCHI函館

호텔 반소
ホテル万惣

유노카와온센역
湯の川温泉駅

헤이세이칸 가이요테이
平成館しおさい亭

기쿠스이 하이야 호텔
平成館しおさい亭きくすい

유노카와 온천 방향
湯の川温泉方向

하코다테 찾아가기

홋카이도의 남서쪽, 일본 본토와 맞닿아 있는 하코다테. 삿포로에서 하코다테까지는 열차로 약 4시간, 버스로는 6시간가량 소요된다. 짧은 여행 일정 중 하코다테를 방문하려면 일본의 국내선 항공을 이용하는 것도 좋은 방법이다.

하코다테 공항에서 시내까지

하코다테 공항에서 JR 하코다테역까지는 노선버스를 이용한다. 소요 시간은 약 25분, 요금은 410엔이다. 택시를 이용하면 소요 시간 20분, 요금은 약 3,000엔 정도다.

삿포로에서 하코다테까지

JR 열차
삿포로에서 JR 특급 열차를 이용하면 노보리베쓰, 도야 호수를 지나 하코다테까지 이동할 수 있다. 약 4시간 소요되며 요금은 8,830엔이다. JR 홋카이도 레일 패스 3일권은 16,500엔이므로, 삿포로-하코다테 왕복을 해야 한다면 레일 패스를 구입하는 것이 저렴하다.

특급 열차 호쿠토
特急 北斗
삿포로에서 하코다테까지 운행하는 특급 열차는 특급 호쿠토特急 北斗와 특급 슈퍼 호쿠토特急スーパー北斗 두 가지다. 특급 슈퍼 호쿠토는 커브 구간을 운행할 때 속도의 손실을 줄이기 위해 차체를 기울이며 운행하는 틸팅 기술이 적용돼 특급 호쿠토보다 운행 시간이 짧다. 슈퍼 호쿠토는 하루 9회 왕복 소요 시간이 약 3시간 30분, 호쿠토는 하루 3회 왕복 소요 시간이 약 4시간이다.

삿포로 ➡ 하코다테 첫차 6:00, 막차 20:00
하코다테 ➡ 삿포로 첫차 6:10, 막차 19:54
JR 홋카이도 한글 홈페이지 www2.jrhokkaido.co.jp

고속버스
JR 삿포로역 앞 버스 터미널 16번 정류장에서 하코다테까지 하루 7회 왕복 고속버스를 운영하고 있으며, 야간 버스도 1회 운영하고 있다. 주간 편 소요 시간은 5시간 50분, 야간 버스는 6시간 30분 소요된다. 요금은 편도 4,810엔, 왕복 8,580엔으로 열차를 이용하는 것에 비해 절반 정도의 비용으로 이동할 수 있다. 예약제로 운행되기 때문에 홈페이지 또는 전화로 예약하는 것이 좋다.

추오 버스 홈페이지(일본어) www.chuo-bus.co.jp/highway **추오 버스 예약 센터(中央バス予約センター)** 011-231-0600

하코다테 시내 교통

100년이 넘는 오랜 시간 동안 하코다테 시내를 달리고 있는 노면 전차와 노면 전차로 가기 어려운 하코다테 전망대를 비롯해 시내 구석구석을 다니고 있는 버스, 이렇게 하코다테 시내에는 항구의 낭만을 즐길 수 있는 두 가지 대중교통이 운행되고 있다.

노면 전차
市電
여행객들이 가장 쉽게 이용할 수 있는 대중교통으로, 빨간색의 2호선과 파란색의 5호선이 있다. JR 하코다테역에서 창고 건물이 모여 있는 베이에리어, 하치만 언덕으로 갈 때는 2호선과 5호선이 모두 지나가는 주지가이十字街 또는 5호선만 지나가는 스에히로초末広町역으로 가면 된다. JR 하코다테역에서 베이에리어와 언덕 지역의 반대 방향으로 가면 고료카쿠와 유노카와 온천이 나온다.

시간 7:00~22:00 **요금** 210~250엔(거리에 따라 차이가 있음)

하코다테에서 유용한 패스

📍 **노면 전차 1일 패스** 市電1日乗車券
하루 동안 노면 전차를 무제한 이용할 수 있는 패스다. 고료카쿠 또는 유노카와 온천을 갈 예정이라면 노면 전차 1일 패스를 구입하는 것을 추천한다. 구입은 노면 전차 차내에서 가능하며, 구입 후 노면 전차를 타고 내릴 때 보여 주기만 하면 된다.

요금 600엔

📍 **노면 전차, 하코다테 버스 1일, 2일 승차권** 市電·函館バス共通1日, 2日乗車券
하코다테 시영 버스와 노면 전차를 1일 또는 2일간 무제한 이용할 수 있는 승차권으로 하코다테산을 올라가고, 하코다테 공항을 이용하는 사람들에게 유용하다. 단, 공항에서 시내까지 운행하는 공항 셔틀버스는 시영 버스가 아니기 때문에 이용할 수 없고, 일반 노선버스인 96번 버스를 이용해야 한다. 구입은 시영 버스와 노면 전차 또는 하코다테 공항 안내 센터에서 구입할 수 있다.

요금 1,000엔(1일권), 1,700엔(2일권)

하코다테 아침 시장 函館朝市 [하코다테 아사이치]

주소 函館市若松町9-19 **위치** JR 하코다테(函館)역에서 도보 1분 **시간** 6:00~14:00(1~4월), 5:00 ~14:00(5~12월) **홈페이지** www.hakodate-asaichi.com **전화** 0138-22-7981

JR 하코다테역 바로 앞, 약 1 만 평 면적에 300여 개의 점 포가 들어선 재래시장이다. 오징어를 비롯해 하코다테 근해에서 잡히는 신선한 해산 물이 가득하며 야채와 과일, 각종 가공 식품 등을 판매하고 있다. 해산물을 이용한 음식을 판매하는 식당들은 이른 아침부터 영업을 하고, 간식으로 먹기 좋은 조개구이나 새우꼬치 등을 판매하는 간이 매점도 눈에 띈다.

다이몬 요코초 大門横丁 [다이몬 요코쵸]

주소 函館市松風町7 **위치** JR 하코다테(函館)역에서 도보 3분 **시간** 17:00~24:00 (상점에 따라 다름) **홈페이지** www.hakodate-yatai.com

하코다테에서 호텔이 많이 모여 있는 하코다테역 앞에 위치한 이자카야 거리다. 100여 년의 긴 역사가 있는 거리지만 JR 하코다테역을 중심으로 재개발이 진행되면서 잠시 모습을 감추기도 했었다. 최근 복고풍 분위기의 인기와 함께 지역 주민들이 힘을 합쳐 하코다테 지역의 20개 상점과 하코다테 이외 지역에서 온 6개의 상점이 다시 영업을 시작했다. 하코다테에서 저녁 시간을 보내기 좋은 곳이다.

하코다테가 자랑하는 햄버거 전문점

하코다테 럭키 피에로 函館ラッキーピエロ [하코다테 랏키- 피에로]

주소 函館市若松町17-12ラッキーピエロ函館駅前店 **위치** JR 하코다테(函館)역에서 도보 2분 **시간** 10:00 ~24:30 **가격** 350엔(차이니즈 치킨 버거), 390엔(럭키 치즈 버거) **홈페이지** luckypierrot.jp **전화** 0138-26-8801

1987년에 첫 매장을 오픈했고 현재는 총 17개의 매장이 있는 로컬 프랜차이즈점이다. 홋카이도의 재료를 홋카이도에서 먹는다는 지산지식地産地食을 실현하고 있고, 주문이 들어오면 고기를 굽고 햄버거를 만든다는 점이 일반 패스트푸드와의 차이점이다. 하코다테를 여행한 사람들이 다른 지역에서도 매장 오픈을 요청했지만, 모두 거절하고 하코다테와 도남 지역에서만 매장을 운영하기 때문에 하코다테에서만 먹을 수 있는 특별한 햄버거다. 하코다테 지역에서만큼은 맥도날드와 모스버거보다 매장 수, 인기에 있어서 압도적이다. 현지인들은 '랏피'라는 애칭으로 부르며, 고향의 맛이라 표현하기도 한다. 인기 메뉴는 차이니즈 치킨 버거チャイニーズチキンバーガー와 럭키 치즈 버거ラッキーチーズバーガー가 있다.

하코다테에서 생산하는 지역 맥주를 먹을 수 있는 곳

하코다테 비어 HAKODATE BEER [하코다테 비-루]

주소 函館市大手町5-22 **위치** JR 하코다테(函館)역에서 도보 7분 **시간** 11:00~15:00, 17:00~21:30 **휴무** 수요일 **가격** 820엔(사장이 자주 마시는 맥주 400ml), 756엔(사원이 출세하는 맥주 400ml) **홈페이지** www.hakodate-factory.com/beer **전화** 0138-23-8000

하코다테산에서 나오는 천연 지하수 100%로 만든 지비루地ビール (지역 맥주)를 즐길 수 있는 곳이다. 바이젠, 알트, 에일, 쾰쉬 등 다양한 종류의 맥주가 있으며, 인기 맥주는 사장이 자주 마시는 맥주 社長のよく飲むビール와 사원이 출세하는 맥주社員が出世するビール다. 유리병이나 스테인리스병에 팔기 때문에 기념품으로도 좋다.

아기자기한 소품이 가득한 역사적인 건물

하코다테 메이지칸 はこだて 明治館 [하코다테 메이지칸]

주소 函館市豊川町 11-17 **위치 ①** JR 하코다테(函館)역에서 도보 10분 **②** 노면 전차 주지가이(十字街)역에서 도보 3분 **시간** 10:00~18:00 **요금** 300엔(테디베어 박물관 중학생 이상), 150엔(테디베어 박물관 초등학생) **홈페이지** www.hakodate-factory.com/meijikan **전화** 0138-27-7070

유리 공예와 오르골, 테디베어를 판매하는 상점과 유리 세공이나 오르골 제작을 체험하는 공방이 함께 있는 곳이다. 아기자기한 소품으로 가득한 중후한 건물은 1911년에 하코다테 우체국으로 지어진 역사적 가치가 높은 건물이기도 하다. 건물 2층에는 개성있는 여러 테디베어들이 전시된 테디베어 박물관이 있다.

신선한 재료가 특징인 회전 초밥 전문점

회전 초밥 마루카쓰 수산 回転寿司 まるかつ水産 [카이텐즈시 마루카츠스이산]

주소 函館市豊川町 12-10 **위치** 노면 전차 스에히로초(末広町)역에서 도보 3분 **시간** 11:30~15:00, 16:30~22:00 **홈페이지** www.hakodate-factory.com/sushi **전화** 0138-22-9696

하코다테에서 생선 시장 운영을 본업으로 하고 있는 회사의 초밥 전문점이다. 40년이 넘는 오랜 세월 동안 생선을 판매하며 축적된 생선 감정과 신선도 관리의 노하우로 믿을 수 있고 맛있는 초밥을 즐길 수 있다. 가장 저렴한 메뉴는 135엔, 가장 비싼 메뉴는 832엔까지 있다. 본점 대각선 건너편에도 분점을 운영할 만큼 여행객뿐 아니라 현지인들에게도 인기가 많다.

하코다테 항구의 상징적 이미지

가네모리 아카렌가 창고 金森赤レンガ倉庫 [카네모리 아카렝가 소-코]

주소 函館市末広町14-12 **위치** 노면 전차 주지가이(十字街)역에서 도보 5분 **시간** 9:30~19:00 **홈페이지** www.hakodate-kanemori.com **전화** 0138-27-5530

일본 최초 국제 무역항의 정취를 느끼게 해 주는 붉은 벽돌 창고들을 '가네모리 창고'라 부른다. 1887년 수입 잡화와 항해용품을 판매하는 가네모리 양품점으로 시작해 해운업 호황에 따라 창고가 계속 늘어나 총 7개의 창고를 갖추게 됐다. 하지만 화재나 유통의 다양화, 어업 쇠퇴 등의 이유로 창고의 수요가 줄어들어 현재는 음식점과 기념품 숍이 들어선 상업 시설이 됐다. 7개의 가네모리 창고는 테마별로 '하코다테 히스토리 플라자', 'BAY 하코다테', '가네모리 홀', '가네모리 양물관'으로 구분돼 있다.

앤티크한 소품이 가득한 일본식 찻집

사보 규차야테이 茶房 旧茶屋亭 [사보- 큐-차야테이]

주소 函館市末広町14-29 **위치** 노면 전차 주지가이(十字街)역에서 도보 5분 **시간** 11:00~17:00(7~9월), 11:30~17:00(10~6월) **가격** 1,100엔(오맛차 세트) **홈페이지** kyuchayatei.hakodate.jp **전화** 0138-22-4418

오래된 살롱 같은 느낌의 찻집으로, 정통 일본식 디저트를 맛볼 수 있다. 다도를 즐기는 오너가 정성껏 만든 오맛차 세트 お抹茶セット(1,100엔)가 추천 메뉴며 화과자와 거품이 잘 난 맛차를 함께 제공한다. 200엔을 추가하면 직접 맛차를 만들어서 맛볼 수 있다. 테이블이나 의자, 장식장에서 찻잔이나 곳곳에 놓인 아기자기한 소품들까지 구경하는 재미도 있다.

아름다운 가로수가 있는 유명한 언덕

모토이 언덕 基坂 [모토이자카]

주소 函館市元町基坂通 **위치** ❶ 노면 전차 스에히로초(末広町)역에서 도보 1분 ❷ 구 하코다테 공회당 앞 언덕

항구를 바라보는 쭉 뻗은 언덕길 좌우로 커다란 나무들이 가로수를 형성하고 있다. 구 하코다테 공회관, 소마 주식회사 사옥 등 길 주변에는 이국적인 건물들과 화단, 조각상들이 어우러져 아름다운 경치를 뽐낸다. 언덕의 이름 모토이(基, 근본·토대)는 중심 도로인 하코다테 혼도函館本道의 거리를 측정할 때 기점이 되어서 붙여진 이름이다.

언덕 위로 바다와 항구가 펼쳐지는 아름다운 언덕

하치만 언덕 八幡坂 [하치만자카]

주소 函館市元町八幡坂 **위치** 노면 전차 스에히로초(末広町)역과 주지가이(十字街)역 사이로 각 역에서 도보 2분

언덕 위에서 일직선으로 이어지는 바다와 항구의 풍경이 가장 아름다워, 하코다테를 상징하는 이미지로 많이 등장하는 곳이다. 밤에는 도로 양옆으로 줄지은 가스등으로 운치를 더해주고, 하치만 언덕과 모토이 언덕은 두 블록 거리로 도보로 약 4분 정도면 갈 수 있다.

하코다테를 대표하는 서양식 건물
하코다테 하리스토스 정교회
函館ハリストス正教会 [하코다테 하리스토스 세이쿄-카이]

주소 函館市元町3-13 **위치** 노면 전차 주지가이(十字街)역에서 도보 10분 **시간** 10:00~17:00(월~금), 10:00~16:00(토), 13:00~16:00(일) *12월 말부터 3월까지 동계 기간에는 견학 불가 **요금** 200엔 **홈페이지** orthodox-hakodate.jp **전화** 0138-23-7387

러시아 영사관이 1859년 설립한 러시아 정교회의 건물로 지금의 건물은 1916년에 재건됐다. 그리스도를 뜻하는 중세 발음이 러시아를 거쳐 일본에 들어오면서 하리스토스로 변형됐으며, 교회의 정식 명칭은 '주님의 부활 교회'다. 일본 중요 문화재로 지정됐고, 교회의 종소리는 환경청에서 선정한 일본의 소리 풍경音風景 100

선에 선정되기도 했다. 종소리는 교회 행사에 따라 달라지지만 보통 일요일 오전 10시경 3~5분간 들을 수 있다.

영국 성공회의 현대적 건물
하코다테 성 요한 교회
函館聖ヨハネ教会 [하코다테 세이요하네쿄-카이]

주소 函館市元町3-23 **위치** 노면 전차 주지가이(十字街)역에서 도보 12분 **전화** 0138-23-5584

영국 성공회의 교회로 모토마치 언덕의 다른 종교 건물과는 달리 1979년에 지어진 비교적 짧은 역사를 가지고 있다. 중세 유럽 교회의 공법을 이용하면서도 현대적인 디자인을 하고 있는 것이 특징인데,

건물 밖 어느 방향에서 봐도 하얀 벽면에 십자가를 볼 수 있고, 하코다테산 정상이나 로프웨이에서 보면 붉은 지붕도 십자가의 모양을 하고 있는 것이 인상적이다. 내부에는 파이프 오르간이 있고 스테인드글라스로 장식하고 있는데 현재는 개방하고 있지 않다.

일본 천주교의 상징적 교회

가톨릭 모토마치 교회 カトリック元町教会 [카토릿쿠 모토마치 쿄-카이]

주소 函館市元町15-30 **위치** 노면 전차 주지가이(十字街)역에서 도보 8분 **시간** 10:00~16:00(일요일 오전 미사 시간 제외, 12월 30일~1월 5일 견학 불가) **홈페이지** motomachi.holy.jp **전화** 0138-22-6877

도쿠가와 막부가 내린 그리스도교 금교령이 폐지되는 것에 앞장서 선교 재개를 상징하며, 나가사키, 요코하마에 건립된 가톨릭 성당과 함께 일본에서 가장 오래된 역사를 가지고 있다. 1877년 목조 교회가 지어진 이후, 현재의 높이 33m의 종루가 있는 고딕 양식 건물은 1924년에 완성됐다. 성당의 제단은 교황 베네딕토 15세가 보낸 것이며, 성당 뒷면에는 1.5m의 성모상을 모시는 루르드의 동굴이 있다.

하코다테 시의 경관 형성 건축물

일본 그리스도 교단 하코다테 교회

日本キリスト教団函館教会 [니혼키리스토쿄-단 하코다테 쿄-카이]

주소 函館市元町31-19 **위치** 노면 전차 스에히로초(末広町)역에서 도보 5분 **시간** 10:30(일요 예배) **홈페이지** www.hako-ch.sakura.ne.jp **전화** 0138-22-3342

1874년 미국인 선교사에 의해 설립된 기독교 교회다. 현재의 건물은 1931년 재건되면서 첨탑과 아치형 창문, 고딕 양식 디자인이 특징으로 하코다테 경관 형성 지정 건축물로 선정됐다. 예배당에는 1981년 설치된 독일제 파이프 오르간이 사용되고 있으며 내부 견학은 할 수 없지만 일요일에는 누구나 예배에 참석할 수 있다. 하코다테 출신의 인기 그룹 '글레이GLAY'의 싱글 앨범 〈Happiness〉의 커버에 등장하기도 했다.

하코다테에서 가장 화려한 건물
구 하코다테 구 공회당 旧函館区公会堂 [큐-하코다테쿠 코-카이도-]

주소 函館市元町11-13 **위치** 노면 전차 스에히로초(末広町)역에서 도보 7분 **시간** 9:00~19:00(4~10월), 9:00~17:00(11~3월) **휴관** 12월 31일~1월 3일 **요금** 300엔(성인), 150엔 (학생) *2~4관 공통 입장권 이용가능 **홈페이지** zaidan-hakodate.com/koukaido **전화** 0138-22-1001

좌우 대칭의 콜로니얼 양식과 청회색, 노란색이 특징인 화려한 건물로 1910년에 지어졌다. 당시 가장 현대적인 건물로 하코다테 구의 공회당으로 이용되기도 했다. 국가 중요 문화재로 지정된 공회당 건물 내부에는 하코다테 개항 당시를 소개하는 자료들이 전시돼 있다. 예스러운 분위기의 실내에는 백여 년 전 유럽 귀족들이 입었던 의상을 입고 기념사진을 찍

는 하이카라 의상관이 있다.

TIP **2~4관 공통 입장권 2-4館共通券**
하코다테 시 구 영국 영사관, 구 하코다테 공회관, 하코다테 시 북방 민족 자료관, 하코다테 시 문학관 입장
2관 – 성인 500엔, 학생 250엔
3관 – 성인 720엔, 학생 360엔
4관 – 성인 840엔, 학생 420엔
하이카라 의상관
9:00~16:30(3월 1~3일, 11월 1일~12월 25일), 9:00~17:00(4~10월)
의상 대여 요금(20분) : 1,000엔(성인 남녀, 유아, 어린이 동일)

영국식 티 룸과 장미 정원이 있는 곳

구 영국 영사관 旧イギリス領事館 [큐- 이기리스 료-지칸]

주소 函館市元町33-14 **위치** 노면 전차 스에히로초(末広町)역에서 도보 5분 **시간** 9:00~19:00(4~10월), 9:00~17:00(11~3월) **휴관** 12월31일~1월3일 **요금** 300엔(성인), 150엔(학생) *2~4관 공통 입장권 이용 가능 **홈페이지** hakodate-kankou.com/british **전화** 0138-27-8159

1859년 영국군에 의해 지어지고, 1913년부터 1934년까지 영국 영사관으로 사용된 건물이다. 현재는 하코다테항구의 개항 역사 기념관으로 이용되고 있으며, 장미 정원을 바라보면서 홍차를 즐길 수 있는 티 룸 '빅토리안 로즈'에서는 영국에서 공수해 온 앤티크한 생활용품과 함께 디저트와 애프터눈 티를 즐길 수 있다.

아이누 민족의 역사와 문화를 볼 수 있는 곳

하코다테 시 북방 민족 자료관

函館市北方民族資料館 [하코다테시 홋포- 민조쿠 시료-칸]

홋카이도가 일본에 편입되기 전, 이곳에 살던 북방 민족인 아이누 족에 관한 자료를 전시하고 있는 곳이다. 2층 규모의 자료관에는 그들이 사용하던 도구와 생활용품, 의상 등을 전시하고 있다. 하코다테 출신의 문학가와 문학 작품을 전시하는 문학관, 구 하코다테 구 공회당, 구 영국 영사관과 함께 공통권으로 입장할 수 있는데, 문학관과 북방 민족 자료관은 관람객이 적은 편이며 역사나 문학에 관심이 없다면 흥미롭지 않을 수 있다.

북방 민족 자료관

주소 函館市末広町21-7 **위치** 노면 전차 스에히로초(末広町)역에서 도보 1분 **시간** 9:00~19:00(4~10월), 9:00~17:00(11~3월) **휴관** 12월31일~1월

3일 **요금** 300엔(성인), 150엔(학생) *2~4관 공통 입장권 이용 가능 **전화** 0138-22-4128

하코다테 문학관 函館文学館

주소 函館市末広町22-5 **위치** 노면 전차 스에히로초(末広町)역에서 도보 1분 **시간** 9:00~19:00(4~10월), 9:00~17:00(11~3월) **휴관** 12월31일~1월3일 **요금** 300엔(성인), 150엔(학생) *2~4관 공통 입장권 이용 가능 **전화** 0138-22-9014

전망대로 향하는 편하고 아름다운 방법

하코다테산 로프웨이　函館山ロープウェイ [하코다테야마 로-푸웨이]

주소 函館市元町19-7 **위치** 노면 전차 주지가이(十字街)역에서 도보 10분 **시간** 10:00~22:00(4월 25일~10월 15일), 10:00~21:00(10월 16일~4월 24일) **요금** 780엔(성인 편도), 1,280엔(성인 왕복), 390엔(어린이 편도), 640엔(어린이 왕복) **홈페이지** 334.co.jp **전화** 0138-23-3105

모토마치 언덕에서 해발 334m 하코다테산 전망대까지 3분만에 올라가는 로프웨이다. 2014년 리뉴얼해 보다 빨라진 곤돌라는 1 대에 125명이 탑승할 수 있어 시간당 왕복 3,000명을 실어 나른다. 모토마치 언덕의 성 요한 교회, 하리스토 정교회에서 도보 5분 거리로, 로프웨이 정류장에서 올라가기 시작할 때 창밖으로 보이는 풍경도 일품이다.

> **TIP** 로프웨이 이용하지 않고 전망대 오르기(4월 중순~11월 중순)
>
> ❶ 로프웨이를 이용하지 않고 도보로 전망대까지 오를 수도 있으며, 약 45분 정도 소요된다.
>
> ❷ JR 하코다테역에서 출발해 주지가이를 경유해 전망대로 오르는 하코다테 등산 버스가 운행된다. JR 하코다테역에서 전망대까지 약 30분 소요된다.
>
> 하코다테역 출발 시간
>
> **4월 중순~4월 28일** 18:00, 18:30, 19:00, 19:30, 20:00, 20:30
>
> **4월 29일~5월 8일** 13:15, 15:15, 17:30, 17:45, 18:00, 18:15, 18:30, 18:45, 19:00, 19:20, 19:40, 20:00, 20:20, 20:40, 21:00
>
> **5월 9일~11월 중순** 13:15, @15:15, #17:30, 17:45, 18:00, 18:15, 18:30, 18:45, 19:00, 19:20, 19:40, 20:00, 20:20, 20:40, 21:00
> @ : 토, 일, 공휴일만 운행(7월 19일~8월 19일에는 매일 운행) # : 금, 토, 일, 공휴일만 운행
>
> ※**등산 버스 정류장** JR 하코다테역 앞 – 아사이치(아침 시장) – 고쿠사이 호텔(국제 호텔) – 메이지칸 앞 – 주지가이 – 등산로 입구 – 하코다테산
>
> ※**버스 시간** 로프웨이 점검 등에 따라 시간 변동 있음, 운휴가 되는 경우도 있음
>
> ※**버스 요금** 400엔(성인), 200엔(어린이)
>
> ❸ 하코다테산 등산로는 4월 중순부터 11월 중순까지만 개방, 겨울철에는 로프웨이만 이용 가능하다.

일본 3대 야경 중 제일의 전망대

하코다테산 전망대　函館山展望台 [하코다테야마 텐보-다이]

주소 函館市函館山山頂　**위치 ❶** 모토마치 언덕의 로프웨이 정류장에서 로프웨이 3분 **❷** 하코다테역에서 등산 버스로 30분(11월 중순~4월 중순 운휴)　**시간** 10:00~22:00(10월 중순~4월 중순 10:00~21:00)　**요금** 무료
전화 0138-23-3105

일본 3대 야경 중에서도 제일로 꼽히는 하코다테의 야경을 감상하는 전망대다. 전망대 건물은 총 3개의 층으로, 로프웨이가 서는 곳은 1층이다. 2층과 3층에는 실내에서 야경을 감상할 수 있는 레스토랑이 있고, 옥상(RF)으로 가면 시원한 바닷바람과 함께 도시 양쪽이 바다에 둘러싸인 하코다테의 비경이 펼쳐진다. 야경 감상은 완전

히 해가 진 이후보다는 해가 지기 30분 전, 거리에 조명이 켜지기 시작하고 천천히 어두워지는 시간이 가장 아름답다.

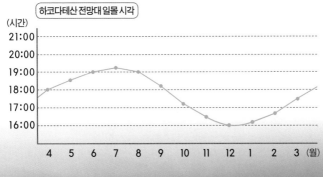

하코다테산 전망대 일몰 시각

(시간)

21:00
20:00
19:00
18:00
17:00
16:00

4　5　6　7　8　9　10　11　12　1　2　3　(월)

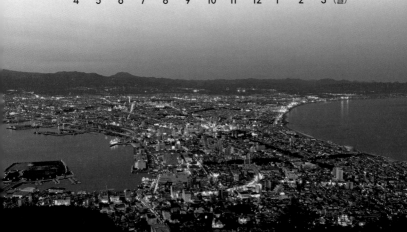

고료카쿠 공원

벚꽃나무 길
サクラ樹林

벚꽃나무 길
サクラ樹林

대포
大砲

우물
井戸

시립 박물관
市立博物館
고료카쿠 분관
五稜郭分館

벚나무 1만 그루 식수 기념비
一万号記念桜樹碑

유희 광장
遊戯広場

소나무 숲길
アカマツ樹林

고료카쿠 타워
五稜郭タワー

벚꽃나무 길
サクラ樹林

별 모양의 독특한 요새이자 하코다테의 상징

고료카쿠 공원 五稜郭公園 [고료-카쿠 코-엔]

주소 函館市五稜郭町44 **위치** 노면 전차 고료카쿠코엔마에(五稜郭公園前)역에서 도보 15분 **시간** 9:00~19:00(4월 21일~10월 20일), 9:00~18:00(10월 21일~4월 20일) *12월부터 2월 말까지 일루미네이션 기간 점등 시간 17:00~22:00 **요금** 무료입장 **전화** 0138-40-3605

1866년 북방 방어를 목적으로 지어진 일본 최초의 프랑스 축성 방식의 별 모양 요새다. 별 모양의 성과 요새는 하코다테 외의 일본 다른 지역에도 몇 곳이 있지만, 별 모양 성곽을 뜻하는 고료카쿠라고 하면 흔히 하코다테의 고료카쿠를 떠올릴 만큼 대표적인 이미지를 가지고 있다. 수로를 따라 1,600여 그루의 벚꽃이 심어져 있어 4월 말부터 5월 초 벚꽃 시즌에

가장 인기가 많으며, 하얀 눈과 함께 조명으로 장식하는 겨울의 풍경도 압도적이다. 별 모양을 하고 있는 성곽의 모습은 바로 옆의 고료카쿠 타워에 올라가서 보는 것이 가장 좋다.

별 모양 요새를 볼 수 있는 전망 타워

고료카쿠 타워 五稜郭タワー [고료-카쿠 타와-]

주소 函館市五稜郭町43-9 **위치** 노면 전차 고료카쿠코엔마에(五稜郭公園前)역에서 도보 15분 **시간** 9:00~19:00(4월 21일~10월 20일), 9:00~18:00(10월 21~4월 20일) *12월부터 2월 말까지 일루미네이션 기간에는 9:00~19:00 **요금** 900엔(성인), 680엔(중고생), 450엔(초등학생) **홈페이지** www.goryokaku-tower.co.jp **전화** 0138-51-4785

고료카쿠의 별 모양 요새를 보기 위해 올라가는 전망 타워다. 별 모양을 모티브로 지은 107m 높이의 전망대에 오르면 고료카쿠의 진면목을 확인할 수 있다. 전망대로 오르기 전 입구에는 카페와 레스토랑, 기념품 가게가 있고 두 개의 층으로 되어 있는 전망대에는 고료카쿠의 역사를 소개하는 코너가 있다.

맛있는 잼과 쿠키를 파는 수도원

트라피스틴 수도원 トラピスチヌ修道院 [토라피스치누 슈-도-인]

주소 函館市上湯川町346 **위치 ❶** JR 하코다테(函館)역 앞 버스 정류장에서 10번, 96번 버스 이용(약 35분) **❷** 고료카쿠코엔마에(五稜郭公園前) 버스 정류장에서 10번 버스 타고(약 20분) 후 토라피스치누이리구치(トラピスチヌ入口) 버스 정류장에서 도보 10분 **시간** 8:00~17:00(4월 21일~10월 31일), 8:00~16:30(11월 1일~4월 20일) **휴관** 12월 30일~1월 2일 **요금** 무료 **전화** 0138-57-3331

프랑스에서 온 8명의 수녀에 의해 1898년 건립된 일본 최초의 여자 수도원이다. 지금도 70여 명의 수녀가 엄격한 규율에 따라 생활하고 있어 수도원 내부는 방문할 수 없다. 관광객이 볼 수 있는 곳은 미카엘, 잔다르크, 성모상이 있는 넓은 정원과 매점이며 수녀들이 직접 만든 묵주와 잼, 쿠키가 기념품으로 인기 있다.

홋카이도의 순수한 자연 속 액티비티

오누마 국정 공원 大沼国定公園 [오-누마 코쿠테이 코-엔]

주소 亀田郡七飯町大沼町1023-1 **위치 ❶** JR 하코다테(函館)역에서 일반 열차(40~50분, 540엔) 또는 특급 열차(25~30분, 1,680엔) 이용 **❷** JR 하코다테(函館)역 앞 버스 정류장에서 버스 이용(약 70분, 730엔) **전화** 0138-67-3020(오누마 국제 관광 컨벤션 협회)

하코다테 근교에 있는 국정 공원으로, 고마가타케駒ヶ岳산을 배경으로 하는 세 개의 호수와 숲으로 둘러싸인 산책로로 이루어져 있다. 홋카이도의 자연을 보다 가까이에서 느낄 수 있는 공원이며 자전거나 호수의 보트를 탈 수도 있고 겨울이 되면 두껍게 얼은 호수의 수면 위에서 스노모빌, 썰매 등의 액티비티를 즐길 수 있다.

inside 오누마 공원

오누마 공원의 액티비티 즐기기
오누마코엔大沼公園역 바로 앞에 있는 안내 센터, 오누마 국제 교류 플라자大沼国際交流プラザ에 있는 소책자를 보면서 액티비티를 예약할 수 있으며, 일부 업체에서는 픽업 서비스를 제공하기도 한다.

오누마 호수 유람선(4월 초~12월 중순)
소요 시간 30분 **요금** 1,100엔(성인), 550엔(어린이) **출항 시간** 8:20, 9:00, 9:40, 10:20, 11:00, 11:40, 12:20, 13:00, 13:40, 14:20, 15:00, 15:40, 16:20(4, 11, 12월은 부정기 운항)

카누 체험(하계) カヌー
소요 시간 2시간 **요금** 4,000엔(성인), 3,000엔(초등학생)

스노 하이킹(동계) スノーハイキング
소요 시간 2시간 **요금** 4,000엔(성인), 3,000엔(초등학생)

승마 リラックス乗馬
소요 시간 약 1시간 30분 **요금** 6,000엔

노면 전차 타고 가서 즐기는 바다 전망 온천욕
유노카와 온천 湯の川温泉 [유노카와 온센]

주소 函館市湯川町2丁目7番6号 **위치** ❶ JR 하코다테(函館)역 앞에서 노면 전차 이용(약 30분, 240엔) ❷ JR 하코다테(函館)역 앞에서 6번 버스 이용(약 25분, 290엔) *유노카와 온천에서 하코다테로 돌아갈 때는 96번 버스 이용 **홈페이지** hakodate-yunokawa.jp

하코다테 시내에서 노면 전차로 30분, 하코다테 공항에서는 버스로 10분 거리에 있어 일본의 수많은 온천 중 비행기에서 내려 가장 빨리 갈 수 있는 온천지다. 17세기 하코다테 지역의 영주가 알 수 없는 병에 걸렸을 때, 꿈에 나타난 그의 어머니가 시내 동쪽에서 온천을 하라고 알려 주어서 온천을 한 후 치유가 된 것이 유노카와 온천의 기원이다. 당시의 온천은 수량도 많지 않고, 저온 온천이었지만 19세기 후반에 100도 이상, 매분 140리터를 용출하는 온천이 발견되면서 많은 사람이 찾게 됐고, 료칸과 식당들이 들어서게 됐다. 시내에서 가깝고 바다를 보며 온천욕을 즐길 수 있어서 매년 130만 명 이상이 이곳에서 숙박을 하고, 하코다테를 방문하는 여행객들도 잠시 들러 온천욕을 즐긴다.

유노카와 당일치기 온천

온천 호텔이나 료칸에 숙박을 하지 않더라도 온천을 이용할 수 있는 시설들이 있다. 유노카와 온천의 숙박업소 중 여섯 곳에서 당일치기 온천을 이용할 수 있으며, 료칸의 분위기를 느끼면서 노천 온천까지 이용할 수 있는 곳은 세 곳이다.

♨️ 유노하마 호텔
湯の浜ホテル [유노하마 호테루]

주소 函館市湯川町1丁目2番30号 **위치 ①** 노면 전차 유노카와온센(湯の川温泉)역에서 도보 10분 **②** 유노카와온센(湯の川温泉) 버스 정류장에서 도보 1분 **요금** 13,500엔~(일반 객실), 22,000엔~(전망형 노천 온천이 있는 객실) **홈페이지** www.yunohama-hotel.com **전화** 0138-59-2231

당일치기 온천 이용
시간 13:00~20:00(대욕장), 14:00~20:00(노천 온천) **요금** 1,000엔(성인), 700엔(초등학생), 200엔(목욕 타월)

쓰가루 해협과 하코다테산의 아름다운 풍경을 바라볼 수 있는 호텔로, 온천은 두 가지 서로 다른 효능의 원천이 흐른다. 호텔 최상층에 있는 대욕장은 전면과 천장 일부가 유리로 돼 있어 아름다운 풍경을 감상할 수 있고, 바닷가의 노천 온천은 하코다테에서 바다와 가장 가까운 노천 온천에 꼽힌다. 단, 대욕장과 노천 온천이 이어져 있지 않아 다시 옷을 입고 이동해야 한다.

♨️ 유모토 다쿠보쿠테이
湯元 啄木亭 [유모토 타쿠보쿠테이]

주소 函館市湯川町1-18-15 **위치 ①** 노면 전차 유노카와온센(湯の川温泉)역에서 도보 3분 **②** 유노카와온센(湯の川温泉) 버스 정류장에서 도보 3분 **요금** 9,000엔~(일반 객실, 석식 뷔페), 13,000엔~(석식 객실 내 가이세키 요리) **홈페이지** www.takubokutei.com **전화** 0138-59-5355

당일치기 온천 이용
시간 13:00~21:00 **요금** 800엔(성인), 400엔(초등학생), 200엔(목욕 타월) *매월 26일은 성인 500엔, 초등학생 250엔

산과 바다, 유노카와 온천 거리를 전망할 수 있는 최상층의 대욕장과 옥상의 노천 온천이 매력적이다. 당일치기 온천도 늦은 시간까지 이용할 수 있어 노천 온천에서 몽환적인 하코다테의 석양을 바라보며 온천을 즐길 수 있다. 매월 26일은 당일치기 온천 요금을 500엔으로 할인하고 있다. 홋카이도의 대표적인 료칸 기업인 노구치 관광 그룹의 료칸으로 객실 및 식사 모두 가격 대비 만족도가 높은 편이다.

♨️ 호텔 반소 ホテル万惣 [호테루 반소]

주소 函館市湯川町1丁目15-3 **위치 ①** 노면 전차 유노카와온센(湯の川温泉)역에서 도보 5분 **②** 유노카와온센(湯の川温泉) 버스 정류장에서 도보 6분 **요금** 12,000엔~(화양실) **전화** 0138-57-5061

당일치기 온천 이용
시간 12:00~20:00 **요금** 1,080엔(성인)

하코다테의 현재와 과거를 콘셉트로 전통의 미美와 현대적인 편안함, 세련된 디자인을 가미한 료칸이다. 큰 규모의 온천은 아니지만 아로마 미스트 샤워, 아로마 스팀 룸과 노천 온천 등 다양한 온천 시설을 갖추고 있다. 현대적인 디자인 때문에 일본에서 온천을 한다는 느낌이 부족할 수 있다. 숙박을 할 경우 전통적인 다다미 객실은 많지 않고 대부분 다다미 객실에 침대가 있는 화양실和洋室[와요시츠]을 이용하게 된다.

유노카와 온천 료칸에서의 하룻밤

유노카와 온천 마을에는 20여 개의 료칸과 호텔이 있다. 이중에서도 유노카와를 대표하고, 한 번쯤 숙박해 볼 만한 료칸 세 곳을 소개한다. 일반적으로 료칸은 체크인이 3시부터 이루어지고 고가의 료칸을 충분히 이용하기 위해서는 최대한 일찍 들어가서 여러 번 온천욕을 하고 충분히 시간을 보내는 것이 좋다.

🛁 갓포료칸 와카마쓰　割烹旅館若松 [캇포- 료칸 와카마츠]

주소 函館市湯川町1-2-27　**위치** ❶ 노면 전차 유노카와온센(湯の川温泉)역에서 도보 8분 ❷ JR 하코다테(函館)역에서 무료 송영(예약제)
요금 42,000엔~(일반 객실)　**전화** 0138-59-2171

90년이 넘는 역사를 자랑하는 노포 료칸으로 하코다테에서 최상급 오모테나시(일본 료칸 특유의 접객 서비스)를 제공한다. 갓포割烹라는 말은 크게 가이세키 요리를 의미하는데, 와카마쓰는 미슐랭 가이드 홋카이도에서 1스타를 받을 정도로 가이세키 요리로 유명하다. 자가 원천이 있어 질 좋은 온천욕을 즐길 수 있고 오션 뷰 객실이나 노천 온천을 마음껏 즐길 수 있다. 고급 료칸으로 가격대는 비싸지만 제값을 하는 료칸이다.

🛁 보로 노구치 하코다테

望楼NOGUCHI函館 [보로- 노구치 하코다테]

주소 函館市湯川町1-17-22　**위치** ❶ 노면 전차 유노카와온센(湯の川温泉)역에서 도보 3분 ❷ 유노카와온센(湯の川温泉) 버스 정류장에서 도보 7분　**요금** 34,000엔~(와모던 객실)　**홈페이지** www.bourou-hakodate.com　**전화** 0138-59-3556

홋카이도를 중심으로 료칸, 온천 호텔을 운영하는 노구치 관광 그룹의 료칸이다. 고급스러우면서 모던하고 정적인 분위기의 료칸 브랜드, 보로 시리즈 중 하나로 노보리베쓰에 이어 두 번째로 하코다테에 오픈했다. 최상층의 노천 온천은 유노카와 온천에서도 가장 높은 곳에 위치한 온천 시설로 하코다테 시내 야경을 감상하며 온천욕을 즐길 수 있다. 하코다테 고급 료칸 중에서 전통스러움을 원한다면 와카마쓰로, 모던한 디자인을 선호한다면 보로 노구치를 선택하자.

🛁 헤이세이칸 시오사이테이

平成館しおさい亭 [헤이세이칸 시오사이테이]

주소 函館市湯川町1丁目2-37　**위치** ❶노면 전차 유노카와온센(湯の川温泉)역에서 도보 8분 ❷ 유노카와온센(湯の川温泉) 버스 정류장에서 도보 2분　**요금** 13,000엔~(일반 객실)　**홈페이지** www.shiosai-tei.com　**전화** 0138-59-2335

합리적인 가격으로 훌륭한 오션 뷰 온천욕을 즐길 수 있는 대형 료칸이다. 료칸이라는 말보다 온천 호텔이 어울릴 만큼 규모가 큰 편이며, 저녁 식사는 가이세키 요리가 아닌 뷔페식으로 제공되니 사람들이 붐비지 않는 이른 시간에 식사를 하는 것이 좋다. 비슷한 가격대로 오션 뷰보다 가이세키 요리를 원한다면 하나비시 호텔花びしホテル을 이용하면 된다.

계절마다 매력이 뚜렷한
후라노·비에이 속으로

홋카이도의 중심에 자리한 후라노와 비에이
는 마치 동화책에서 나올 법한 그림 같은 풍경
을 선물해 준다. 보랏빛 라벤더밭과 알록달
록한 꽃밭, 끝없이 펼쳐지는 전원 마을 등 손
대지 않은 자연 그대로의 모습과 조우할 수
있다. 북쪽의 비에이와 남쪽의 후라노는 서
로 경계가 모호하게 이어져 있어 전동 자전거나 렌터
카 이용 시 그 경계를 넘나들 수 있다. 가장 인기 있는
여름의 라벤더 외에도 봄에는 신록의 시골 마을, 가을
에는 노랗게 익은 논길과 해바라기, 겨울에는 온통 새하
얀 설경 등 언제 방문해도 좋은 계절마다의 매력을 가지
고 있다.

 후라노·비에이 BEST COURSE

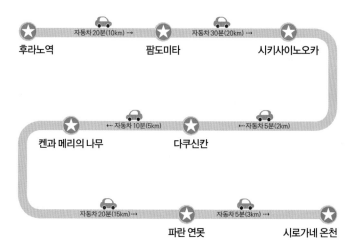

후라노역 — 자동차 20분(10km) ⋯ 팜도미타 — 자동차 30분(20km) ⋯ 시키사이노오카

켄과 메리의 나무 ⋯ 자동차 10분(5km) — 다쿠신칸 ⋯ 자동차 5분(2km) —

파란 연못 — 자동차 20분(15km) ⋯ 자동차 5분(3km) ⋯ 시로가네 온천

후라노·비에이

패치워크 길
パッチワークの路
세븐스타 나무
セブンスターの木
오야코 나무
親子の木
호쿠세이 언덕 전망 공원
北西の丘展望公園
마일드 세븐 언덕
マイルドセブンの丘

JR 지요가오카역
JR 千代ヶ岡駅
켄과 메리의 나무
ケンとメリーの木
JR 기타비에이역
JR 北美瑛駅
제루부노오카
ぜるぶの丘
양식과 카페 준페이
洋食とCafeじゅんぺい

비에이역
美瑛駅
파노라마 로드
パノラマロード

크리스마스트리의 나무
クリスマスツリーの木
간노팜
かんのファーム
JR 비바우시역
JR 美馬牛駅

비바우시 초등학교
美馬牛小学校
다쿠신칸
拓真館
시키사이노오카
四季彩の丘

파란 연못
青い池

시로가네 온
白金温泉

JR 가미후라노역
JR 上富良野駅

히노데 공원
日の出公園
고토 스미오 미술관
後藤純男 美術館

도코토코 사이클링
Tocotoco Cycling
사이카노오카 사사키 팜
彩香の丘 佐一木ファーム

팜도미타
ファーム富田
JR 라벤더바타케역
JR ラベンダー畑駅
JR 나카후라노역
JR 中富良野駅

JR 시카우치역
JR 鹿討駅

JR 가쿠덴역
JR 学田駅

후라노 와인 공장
ふらのワイン工場
후라노 신사
富良野神社
모리노토케이
森の時計
닌구루 테라스
ニングルテラス
후라노 치즈 공방
富良野チーズ工房

JR 후라노역
JR 富良野駅
구마게라
くまげら
후라노 마르셰
フラノマルシェ

글래스 포레스트 인 후라노
グラスフォレストin富良野

후라노 잼 공원
ふらのジャム園

JR 뉴노베역
JR 布部駅

JR 야마베역
JR 山部駅

JR 시모카나야마역
JR 下金山駅

JR 히가시시카고에역
JR 東鹿越駅

이쿠토라역
幾寅駅

상세 지도

비바우시역 인근

크리스마스트리의 나무
クリスマスツリーの木

간노팜
かんのファーム

JR 비바우시역
JR 美馬牛駅

비바우시 초등학교
美馬牛小学校

가이도노 야마고야
ガイドの山小屋

다쿠신칸
拓真館

시키사이노오카
四季彩の丘

비에이역 인근

비에이역
美瑛駅

마쓰우라 쇼텐
松浦商店

다키카와 사이클
滝川サイクル

양식과 카페 준페이
洋食とCafeじゅんぺい

파노라마 로드
パノラマロード

후라노역 인근

후라노 와인 공장
ふらのワイン工場

JR 후라노역
JR 富良野

라벤더 숍 모리야
ラベンダーショップもりや

구마게라
くまげら

후라노 신사
富良野神社

후라노 마르셰
フラノマルシェ

라벤더바타케역 인근

팜도미타
ファーム富田

JR 라벤더바타케역
JR ラベンダー畑駅

도코토코 사이클링
Tocotoco Cycling

사이카노오카 사사키 팜
彩香の丘 佐々木ファーム

JR 나카후라노역
JR 中富良野駅

후라노·비에이 찾아가기

삿포로에서 후라노까지는 JR 열차, 렌터카를 이용해서 찾아갈 수 있다. 후라노와 비에이 구석구석을 여행하는 데는 렌터카를 이용하는 것이 효율적이지만, 운전에 자신이 없다면 대중교통을 이용해서라도 후라노와 비에이의 하이라이트는 충분히 둘러볼 수 있다.

 ## JR 열차 이용하기

6월 중순부터 8월까지는 삿포로에서 후라노역까지 '임시 특급 열차 라벤더 익스프레스' 열차가 운행되지만, 그 외의 기간에는 삿포로에서 비에이와 후라노까지 한 번에 가는 열차는 없다. 비에이로 가는 경우 삿포로에서 아사히카와까지 특급 열차를 이용한 후 일반 열차로 환승해 비에이로 이동한다. 후라노로 가는 경우는 삿포로에서 다키카와까지 특급 열차를 이용한 후 다키카와에서 일반 열차로 환승해 후라노로 이동한다.

소요 시간 및 요금
삿포로札幌 – 특급 열차 1시간 – 다키카와滝川 – 특급 열차 30분 – 아사히카와旭川 – 일반 열차 35분 – 비에이美瑛 : 5,560엔
삿포로札幌 – 특급 열차 1시간 – 다키카와滝川 – 일반 열차 70~90분 – 후라노富良野 : 4,140엔
비에이美瑛 – 후라노富良野 : 640엔

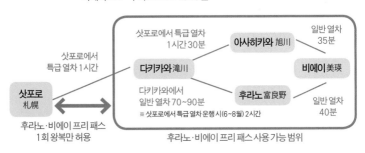

후라노·비에이 프리 패스 1회 왕복만 허용

후라노·비에이 프리 패스 사용 가능 범위

 ## 렌터카를 이용해서 찾아가기

홋카이도 여행 중 후라노, 비에이 지역의 여행에 중점을 둔다면 가장 좋은 방법은 렌터카를 이용하는 것이다. 삿포로에서 고속 도로를 경유하면 약 2시간, 일본 도로만 이용하면 2시간 30분이 소요된다. 고속 도로를 이용할 예정이라면 우리나라의 하이패스와 같은 기능을 하는 ETC 카드를 신청하면 보다 편안한 렌터카 여행을 즐길 수 있다. 후라노와 비에이 지역은 차량 운행이 많지 않아 운전하는 데 어려움이 없다. 단, 언덕이 많고 겨울철에는 눈이 많이 쌓이기 때문에 운전에 각별히 주의해야 한다.

후라노·비에이 시내 교통

JR 열차를 이용해 후라노·비에이에 도착하면 시내 교통을 이용해야 한다. 여름 성수기에는 운행 편이 많지만 봄, 가을, 겨울에는 운행 편수가 줄어들거나 아예 운행을 하지 않는다. 여름 이외의 기간이라면 후라노와 비에이의 여행은 렌터카가 아니면 조금 어렵다는 것은 염두에 두고 일정을 정하자.

JR 열차

후라노·비에이 지역에서 연중 언제나 운행하는 대중교통은 JR 열차와 일부 노선버스뿐이다. JR 후라노 선富良野線의 주요 역은 아사히카와, 비에이, 비바우시, 가미후라노, 나카후라노, 후라노역이며, 여름에는 가미후라노역과 나카후라노역 사이에 있는 라벤더바타케역에서 임시 정차를 한다. 후라노에서 비에이까지의 열차 요금은 640엔이며, 후라노·비에이 프리 패스로도 탑승할 수 있다.

라벤더 버스

아사히카와 시내에서 아사히카와 공항, 비에이를 지난 후라노까지 운행하는 버스로 JR 열차와 함께 연중 운행하는 대중교통이다. 후라노에서 비에이까지 640엔, 비에이에서 아사히카와 공항까지 370엔이다.

관광버스

JR 후라노역, JR 비에이역을 중심으로 후라노와 비에이 지역의 주요 관광지를 운행하는 버스다. 여름에는 구루루くるる버스와 트윙클 버스ツインクルバス가 운행하고, 2월 중순부터 4월까지는 비에이 언덕 순환 투어美瑛の丘巡りツアー 버스가 운행한다. 관광버스는 관광지를 순환하며, 티켓을 구입하면 하루 동안 무제한 탑승이 가능하다.

📍 구루루くるる
JR 후라노역에서 출발하는 두 개의 노선을 운영하고 있으며 후라노역에서 나와 오른쪽에 있는 매표소 또는 버스에서 티켓을 구입할 수 있다.
요금 1,200엔(1일), 1,700엔(2일) **운행 기간** 7월 초~8월 중순

📍 트윙클 버스ツインクルバス
JR 홋카이도에서 운영하는 관광버스로 후라노에 도착하기 전, 삿포로역의 여행 센터 또는 신치토세 공항의 JR 열차 역에서 사전에 예약할 수 있다.
요금 1,500엔 또는 2,500엔(코스에 따라) **운행 기간** 6월과 9월 주말, 7~8월은 매일 운행

📍 비에이 언덕 순환 버스 美瑛の丘巡りツアー
하얀 눈이 덮인 비에이 언덕을 볼 수 있는 관광버스다. 비에이역에서 출발하며, 출발 2일 전까지 반드시 예약을 해야 하며, 최소 5인 이상이 탑승하지 않으면 취소될 수 있다.
운행 기간 2월 말~4월 매일(5인 이상 예약 시) **예약 문의** tour_yoyaku@biei-hokkaido.jp, 0166-92-4378

후라노 라벤더밭의 상징

팜도미타 ファーム富田 Farm Tomita [화-무 토미타]

주소 中富良野町基線北15号　**맵코드** 349 276 889*12　**위치 ①** JR 나카후라노(中富良野)역에서 도보 25분 **②** JR 라벤더바타케(ラベンダー畑)역에서 도보 7분(여름에만 정차)　**시간** 8:30~18:00(7~8월), 8:30~17:00(5, 6, 9월), 9:00~16:30(10, 11월), 9:30~16:30(12~4월, 카페, 드라이플라워 숍, 사진 갤러리 등 일부만 영업)　**전화** 0167-39-3939

후라노의 대표적인 라벤더 화원으로 6월 하순부터 7월까지 라벤더밭을 볼 수 있다. 후라노 라벤더밭이 관광지가 될 수 있었던 것은 팜도미타의 노력이 있었기 때문이라 할 수 있을 만큼 라벤더밭에 큰 자부심을 가지고 있다. 아름다운 꽃밭 외에도 라벤더 포푸리 전문 숍, 포푸리의 집ポプリの솥, 후라노의 아름다운 풍경 사진을 전시하고 있는 갤러리 후루루갤러리フルール 등의 건물이 있고, 남프랑스의 건물을 모티브로 한 하나비토 가든에는 드라이플라워와 기념품을 판매하고 있으며, 식사할 수 있는 카페도 운영하고 있다. 카페와 드라이플라워 숍 등 일부는 가을부터 봄까지도 운영한다.

inside 한 장의 사진, 여성의 한마디로 지킨 후라노 라벤더의 역사

후라노에 라벤더가 처음 재배되기 시작한 때는 1952년으로, 향수 소비의 급증으로 후라노 곳곳에 라벤더밭이 생기면서부터다. 하지만 1970년대 초 향수 제조 업체에서 라벤더 오일 대신 합성 향료를 본격적으로 사용하기 시작해 일본의 무역 자유화로 수입산에 대해 가격 경쟁력이 없어지면서 라벤더 농장이 큰 피해를 보게 됐다. 결국 생계였던 라벤더밭이 다시 감자, 양파, 옥수수밭으로 변하기 시작했고, 3대째 후라노에서 농장(현재의 팜도미타)을 운영하던 도미타 다다오富田忠雄는 1년만 더, 1년만 더를 이어가며 라벤더밭을 포기하지 않았다. 그러다 1976년을 마지막으로 다른 작물을 재배할 계획을 하고 있었다. 지금처럼 후라노하면 라벤더를 떠올릴 수 있게 된 것은 한 장의 사진 덕분이었는데, 그 해 국철(지금의 JR)에서 발행한 달력에 하얀 눈이 쌓인 도카치다케를 배경으로 한 팜도미타의 보랏빛 라벤더꽃 사진이 소개되면서 많은 관광객이 찾게 됐다. 하지만 더 이상 라벤더를 키워도 수익이 되지 않아 망설이고 있을 때, 이곳을 방문한 한 여성이 프랑스 남부 지방의 라벤더밭에서는 라벤더를 이용한 기념품을 만든다고 조언을 했고, 농장 앞에서 라벤더 포푸리 등을 판매하기 시작하면서 라벤더밭을 유지하게 됐다. 국철의 달력에 소개된 사진 한 장과 운영비 마련을 위한 수익이 생길 수 있게 해준 여성의 한마디로 후라노 라벤더 농장의 아름다운 풍경을 계속해서 볼 수 있게 됐다.

Travel Tip. 꽃 캘린더

	5월		6월			7월			8월		
	중순	하순	상순	중순	하순	상순	중순	하순	상순	중순	하순
꽃	튤립			블루엔젤			해바라기			클레오메		
	수선화			양귀비			루피너스			코스모스	샐비어	
라벤더			← 노시하야자키 →				하나모이와 →					
					← 요테이 →	← 오카무라사키 3호 →					

라벤더 종류

✿ 요테이 ようてい

다른 라벤더에 비해 빨리 피는 편으로, 오카무라사키 おかむらさき나 하나모이와 はなもいわ와 비교해 봉오리 때 색이 붉은 편이다. 화장품 향료로 주로 쓰인다.

✿ 오카무라사키 おかむらさき

중기 쯤에 피고 표준색으로 가지색과 비슷하다. 라벤더의 전형적인 상쾌한 향기로 드라이플라워나 포푸리에 좋다.

✿ 하나모이와 はなもいわ

봉오리 때는 연녹색을 띠고 향기는 가장 상쾌한 편으로 오일이나 샴푸, 비누에 적합하다.

✿ 노시하야자키 濃紫早咲

최근 홋카이도에서 볼 수 있는 노시하야자키는 봉오리 때부터 짙은 보라색을 띠며 관상용으로 인기가 있다.

드라마의 무대가 된 작은 신사

후라노 신사 富良野神社 [후라노 진자]

주소 富良野市若松町17番6号 **맵코드** 349 001 880*04 **위치** JR 후라노(富良野)역에서 도보 10분 **홈페이지** www.furano.ne.jp/jinja **전화** 0167-22-2731

홋카이도 개척이 한창이던 1902년 건립된 신사로 국토를 지키는 신, 농경의 신, 인연을 맺어 주는 緣結び[엔무스비] 신을 모시고 있다. 10분이면 둘러볼 수 있을 만큼 규모는 작지만, 드라마 〈자상한 시간〉에서 주인공이 이곳에서 소원을 비는 마모리守り(부적)를 구입하는 장면이 나온 적 있어 관광객이 많이 찾는 편이다. 신사 바로 옆 후라노 초등학교에는 홋카이도의 지리적 중심을 표시하고 있는 비석이 있다.

TIP 홋카이도의 중심에서 사랑을 외치다. 홋카이도의 배꼽, 후라노

후라노에서는 매년 7월 말 헤소へそ(배꼽) 마쓰리가 개최된다. 배를 드러낸 사람들이 춤을 추는 이 축제를 우리말로 하면 배꼽 축제라 한다. 배꼽 축제가 열리는 이유는 후라노가 홋카이도의 중심에 위치해 홋카이도의 배꼽이라 할 수 있기 때문이다. 후라노가 홋카이도의 중심이 된 것은 1914년 교토 대학교 이학부에서 지구 중력 측정 및 천체 관측 경도, 위도 측정을 위해 홋카이도의 중심지를 찾은 데서 시작됐다. 후라노 초등학교 운동장에는 '홋카이도 중앙 위도 관측표'라는 동그란 조형물이 놓여져 있고, 옆에는 높이 4m의 비석이 있다. 동경 142도 23분 북위 43도 20분. 홋카이도의 중심인 후라노 초등학교의 위치며, 홋카이도 문화재 100선, 후라노 시의 지정 문화재로도 지정됐다. 1993년 일본의 국토 지리원에서 홋카이도 중심에 대해 다시 조사를 했다. 그 결과 홋카이도의 중심이 후라노가 아니라 조금 더 북쪽에 있는 '신토쿠'라는 지역의 도카치다케산속을 중심이라 발표하면서 지역 주민들에게 큰 혼란을 주었다. 하지만 이는 현재 러시아와 분쟁 중인 쿠릴 반도 지역까지 더해서 설정한 중심이다. 실제 일본의 영토인 홋카이도 본토만을 기준으로 한다면 매년 배꼽 축제가 열리고 있는 후라노가 홋카이도의 중심이 된다.

후라노의 매력을 전달하는 장소

후라노 마르셰 フラノマルシェ [후라노 마루셰] 🍴

주소 富良野市幸町13-1 **맵코드** 349 001 716*81 **위치** JR 후라노(富良野)역에서 도보 5분 **시간** 10:00~19:00 **홈페이지** www.furano.ne.jp/marche **전화** 0167-22-1001

'도시의 매력과 전원적인 매력을 겸비한, 좀 더 세련된 시골 마을'을 콘셉트로 설립된 지역 활성화 시설이다. 후라노의 특산품인 농산물, 음식을 소개하는 코너, 후라노 여행의 매력을 알리는 코너와 후라노 시민들이 모여 즐거움을 공유하는 휴식 장소도 있다. 갓 구운 빵과 케이크를 판매하는 디저트 전문점과 카페, 음식점도 모여 있고, 마트와 관광 안내소가 함께 있어 여행객들의 방문도 많다.

요정이 사는 숲속의 통나무집

닌구루 테라스 ニングルテラス [닝구루 테라스] 📷

주소 富良野市中御料 **맵코드** 919 553 453*17 **위치** ❶ JR 후라노(富良野)역에서 택시로 약 10분 ❷ 신후라노프린스 호텔에서 도보 5분 **시간** 12:00~20:45(7~8월은 10시부터) *날씨, 계절에 따라 변동 있음

일본의 드라마 작가인 구라모토 倉本聰의 작품 닌구루ニングル(1985년 작)의 주인공인 닌구루를 테마로 조성된 숲이다. 닌구루가 아이누 족 언어로 작은 요정을 뜻한다고 하며, 지금도 숲속에 닌구루가 살고 있으니 소란스럽게 하면 안 된다는 안내를 하고 있다. 숲속에는 15채의 통나무집이 있으며 각각의 건물에서는 자연을 소재로 한 후라노스러운 수공예품들을 판매하고 있다. 닌구루 테라스 입구 쪽에는 후라노를 배경으로 한 드라마를 소개하는 드라마관이 있으며, 끝자락에는 인기 커피숍 '모리노토케이'가 있다.

드라마 속 주인공이 되는 카페
모리노토케이 森の時計 [모리노토케이]

주소 富良野市中御料 **위치** 닌구루 테라스 입구에서 5분 **시간** 12:00~20:45 *날씨, 계절에 따라 변동 있음 **전화** 0167-22-1111

닌구루 테라스의 통나무집들을 지나 위치한 카페 모리노토케이(숲의 시계)는 구라모토 소의 드라마 〈자상한 시간優しい時間 (2005년 작)〉에서 주인공들이 운영했던 커피집으로 등장한다. 드라마에서처럼 카운터석에 앉으면 직접 핸드 밀로 커피콩을 갈 수 있다. 홋카이도의 숲속에서 커피와 차를 마시며 시간을 보낼 수 있는 따뜻한 공간이다.

후라노의 자연을 이미지로 한 유리 공예
글래스 포레스트 인 후라노
グラスフォレストin富良野 [구라스 호레스토 인 후라노]

주소 富良野市麓郷市街地 3 **맵코드** 550 768 760*10 **위치** JR 후라노(富良野)역에서 차로 10분 **시간** 9:00~18:00(1~8월 9:00~19:00) **가격** 3,000엔(유리 불기 20분), 1,200엔(유리 돔 30분) **홈페이지** www.furano-glass.jp/store **전화** 0167-39-9088

공기 중의 수증기가 미세한 얼음 결정으로 얼어 반짝이는 보석처럼 보이는 '다이아몬드 더스트'. 겨울이 되면 극한의 추위가 찾아오는 후라노에서 볼 수 있는 불가사의한 자연 현상이다. 글래스 포레스트에서만 판매하는 시보레 가라스는 다이아몬드 더스트를 이미지화한 것이다. 이 밖에도 유리 공예 작품을 감상하고 구입할 수 있으며, 유리 공예 체험을 할 수도 있다.

견학과 시음 무료의 와이너리

후라노 와인 공장 富良野ワイン工場 [후라노 와인 코-죠-]

주소 富良野市清水山 **맵코드** 349 060 668*67 **위치** JR 후라노(富良野)역에서 차로 10분 **시간** 9:00~
16:30 **홈페이지** www.furanowine.jp/winery **전화** 0167-22-3242

북유럽과 비슷한 기후를 가진 후
라노에서는 추운 기후에서도 잘
자라는 포도 품종을 이용해 와
인을 만들고 있다. 화이트, 레
드, 로제 와인을 생산하고 있으
며 지하 1층의 오크통 숙성실과
제조 과정을 무료로 견학할 수
있고, 2층에서는 아름다운 풍경을 감상하며
후라노 와인을 시음할 수 있다. 7~8월이면
포도 농장 주변에 라벤더꽃까지 피어 후라노

와이너리만의 특별한 풍경을 연출한다. 매점
에서는 와인과 치즈, 와인잼 등을 판매한다.

후라노 향토 요리를 맛볼 수 있는 곳

구마게라 くまげら [쿠마게라]

주소 富良野市日の出町3-22 **맵코드** 349 032 101*72 **위치** JR 후라노(富良野)역에서 도보 4분 **시간**
11:30~24:00 **가격** 1,980엔(와규 로스트 비프돈), 3,300엔(산적 나베 2인분), 1,000엔(런치 오무훼이 카레)
홈페이지 www.furano.ne.jp/kumagera **전화** 0167-39-2345

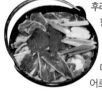

후라노산 식재료를 사용
한 향토 요리 전문점
으로, 현지인들이 많
이 찾는 레스토랑이
다. 서로인sirloin을 레
어로 구워 올린 와규 로

스트 비프돈和牛ロ―ストビ―フ丼과 후라노 개
척민들을 떠오르게 하는 오리고기, 사슴고기,
닭고기를 넣은 산적 나베山ぞくなべ가 대표적
인 메뉴다. 런치로는 후라노산 야채가 올려진
귀여운 데코와 부드럽고 깊은 풍미의 오무훼
이카레オムホエ―カレ―가 인기다.

신선한 치즈, 버터, 맛있는 아이스크림과 피자가 있는 곳

후라노 치즈 공방 富良野チーズ工房 [후라노 치-즈코-보-]

주소 富良野市中五区 **맵코드** 550 840 171*84 **위치** JR 후라노(富良野)역에서 차로 9분(약 3.4km) **시간** 9:00~17:00(4~10월), 9:00~16:00(11~3월) **가격** 700엔(버터, 아이스크림 제조 체험), 880엔(치즈 제조 체험), 1,500엔(마르게리타 피자) **홈페이지** www.furano-cheese.jp **전화** 0167-23-1156

후라노의 신선한 우유를 사용해 치즈를 만드는 공방이자 관광 시설이다. 치즈를 제조하는 모습을 견학할 수 있고, 버터, 치즈, 아이스크림을 직접 만들어 보는 체험도 할 수 있다. 2층 매장

에는 치즈 시식 코너와 후라노의 치즈와 우유, 버터를 사용해 만든 과자 등의 기념품을 판매하는 코너가 있다. 피자 공방에서는 신선한 치즈를 사용하고 나폴리에서 공수해 온 화덕에 구운 피자를 판매하고 있다.

잼을 만들고, 호빵맨을 만나는 공원
후라노 잼 공원 ふらのジャム園 [후라노 쟈무엔]

주소 富良野市東麓郷の3 **맵코드** 550 803 272*78 **위치** JR 후라노(富良野)역에서 차로 25분(약 19.2km) **시간** 9:00~17:30 **가격** 1,200엔(잼 만들기 체험, 중학생 이상 참여 가능) **홈페이지** www.furanojam.com **전화** 0167-29-2233

후라노·비에이 지역에서 자란 과일을 이용해 안심하고 먹을 수 있는 잼을 만들기 위해 1974년 설립된 곳으로, 방부제와 향료, 색소 등의 첨가물은 전혀 사용하지 않고 만든 천연 잼을 판매하고 있다. 어디에서도 볼 수 없는 핸드메이드 잼 만들기 비법을 잼 교실 수업을 통해 전수받을 수 있는데 이 체험은 방문 1일 전까지 예약을 해야 한다. 후라노 잼 공원 안에는 앙팡맨 숍 호빵맨アンパンマンショップ과 꽃밭, 작은 전망대 등이 있어 어린이와 함께 방문하기에도 좋다.

여덟 종류의 라벤더가 있는 농장
사이카노오카 사사키 팜
彩香の丘 佐々木ファーム [사이카노오카 사사키 화-무]

주소 空知郡中富良野町丘町6-1 **위치** JR 나카후라노(中富良野)역에서 도보 약 20분 또는 차로 약 5분 **시간** 8:00~17:00(6~9월에만 운영) **홈페이지** www.h3.dion.ne.jp/~saika **전화** 090-3773-3574

나카후라노 마을 높은 언덕에 위치해 라벤더밭과 함께 멀리 내려다보이는 자연 풍경이 아름다운 농장이다. 총 여덟 가지 종류의 라벤더를 만나 볼 수 있고, 나카후라노에서도 규모가 큰 편으로 팜도미타와 라벤더밭 면적은 비슷한데 화원이 분단되지 않고, 사면이 라벤더로 뒤덮여 있어 보다 넓게 펼쳐진 보랏빛 화원의 아름다움을 사진에 담을 수 있다. 또 면적 대비 방문객도 적은 편이라 여유롭게 시간을 보낼 수 있다.

후라노에서 활동한 일본화의 거장

고토 스미오 미술관 後藤純男 美術館 [고토 스미오 비쥬츠칸]

주소 空知郡上富良野町東4線北26号 **위치** JR 가미후라노(上富良野)역에서 차로 5분 **시간** 9:00~17:00(11 ~3월 9:00~16:00) **요금** 1,000엔(성인), 500엔(초등학교, 중학교, 고등학교) **홈페이지** www.gotosumiom useum.com **전화** 0167-45-6181

도쿄 예술대 교수였던 일본 미술계의 거장 고
토 스미오後藤純男(1930~2016)가 후라노의
아름다운 풍경에 반해 이곳에 아틀리에를 만
들고 수시로 방문해 작업을 했다. 미술관에는
홋카이도뿐 아니라 일본의 아름다운 풍경을
그린 그의 일본화 작품 130여 점이 전시돼 있
다. 일부 작품은 폭이 5m가 넘는 크기로 그가
표현하려 했던 자연의 웅장함을 느낄 수 있다.
2층의 레스토랑 후라노 그릴은 큰 창으로 도카

치다케의 풍경을 바라보며 식사를 할 수 있다.

석양과 함께 라벤더를 바라볼 수 있는 언덕

히노데 공원 日の出公園 [히노데 코-엔]

주소 上富良野町東1線北27 **위치** JR 가미후라노(上富良野)역에서 도보 18분 또는 차로 3분 **전화** 0167-39 -4200

낮은 언덕에 하얀 종탑이 있는 라벤더 명소로,
후라노의 대표적인 이미지로 소개되는 곳이
다. 언덕 꼭대기에 전망대가 설치돼 있고, 라
벤더밭이 북서쪽으로 심어져 있어 후라노·비
에이의 라벤더 농장 중 석양을 배경으로 라벤
더를 볼 수 있는 유일한 장소다. 언덕 아래쪽
에는 오토 캠핑장이 있어 등산객들이 베이스
캠프로 이용하는 경우도 많다.

폐선 위기의 역사, 영화 〈철도원〉의 촬영지

이쿠토라역 幾寅駅 [이쿠토라 에키]

주소 南富良野町字幾寅 **위치 ❶** JR 후라노(富良野)역에서 신토쿠행 일반 열차 이용(약 1시간, 840엔) **❷** 삿포로에서 다키카와까지 특급열차 이동 후 신토쿠행 일반 열차로 환승, 후라노 경유 이쿠토라까지 약 4시간(5,320엔)

우리나라에서도 많은 인기를 얻은 소설을 원작으로 한 영화 〈철도원ぽっぽや(1999년)〉의 무대다. 영화 속에서는 가상의 역인 호로마이역幌舞駅으로 등장하며, 로컬 노선의 종착역으로 나오지만, 실제로는 종착역이 아닌 통과역이다. 그렇기 때문에 역에 방문해서 기념사진을 찍을 때는 양쪽으로 오는 열차에 주의해야 한다. 영화 촬영 당시의 모습이 역사 내에 전시돼 있으며, 현재는 무인역이기 때문에 자유롭게 사진을 찍을 수 있다. 역 주변으로는

영화 촬영 당시 이용한 미용실과 식당이 남아있다. 후라노에서 이쿠토라까지 하루 5편의 열차가 있지만 이쿠토라역의 하루 이용객이 100명이 안 되는 적자 노선이기 때문에, JR 홋카이도에서 노선 폐지를 하고 싶어 하지만 주민과 영화 팬들의 반발로 쉽게 결정을 내리지 못하고 있다. 현재는 2016년 8월 발생한 태풍으로 후라노에서 이쿠토라까지의 노선 일부가 유실됐으며, 대체 편 버스로 운행되고 있다.

〈열차 시간표〉

특급 열차	삿포로 출발		8:30	14:30
	다키카와 도착		9:22	15:22
일반 열차 신토쿠행 新得 ゆき	다키카와 출발		9:42	15:28
	후라노 출발	7:20	11:02	16:46
	이쿠토라 도착	8:17	11:58	17:45
일반 열차 다키카와행 滝川 ゆき	이쿠토라 출발	8:58	14:57	19:37
	후라노 도착	9:54	15:52	20:38
	다키카와 도착	11:12	16:57	21:34
특급 열차	다키카와 출발	11:32	17:02	21:52
	삿포로 도착	12:06	17:55	22:53

※ 후라노–이쿠토라 간 운행 열차는 하루 5편이지만, 당일치기로 여행을 하는 경우에 선택할 수 있는 시간은 위의 시간뿐이다.

※ 2016년 8월 태풍으로 일부 노선이 유실돼 버스 대체 편으로 운행되고 있다.

※ 폐선을 검토하고 있기 때문에 열차 시간을 반드시 확인해야 한다.

아름다운 석조 역사

비에이역 美瑛駅 [비에이 에키]

주소 上川郡美瑛町本町1丁目1番 **맵코드** 389 010 596 **위치** 아사히카와 또는 후라노에서 일반 열차로 약 35분

비에이를 대표하는 예쁜 길인 패치워크의 길, 파노라마 로드 사이에 있는 열차 역으로 JR 후라노역과 JR 아사히카와역의 중간에 있다. 교통의 중심이면서 우아한 모습을 하고 있는 석조 역사는 뮤직비디오나 CF에도 여러 차례 등장했고, 이 석조 역사는 과거 이 지역에서 채굴됐던 비에이 연석을 사용해 건축했다. 역 바로 옆에 있는 미치노에키 비에이 오카노쿠라道の駅 びえい丘のくら에는 관광 안내 시설과 특산품 판매 코너가 있다.

후라노·비에이 자전거 여행

후라노·비에이의 많은 관광지를 보기 위한 가장 좋은 방법은 자전거를 대여하는 것이다. 걷는 것보다 빠르고 차를 타는 것보다는 천천히 자전거를 타면서 홋카이도의 맑은 공기도 마시고, 시원한 바람을 가로지르며 예쁜 풍경들을 둘러볼 수 있다. 후라노역과 비에이역 등 대부분의 역 바로 앞에 자전거 렌털 숍이 있다. 마마차리라 불리는 바구니가 달린 보통 자전거를 이용하는 것이

가장 저렴하지만, 언덕이 많기 때문에 전동 자전거를 빌리는 것이 좋다. 그리고 전동 자전거를 빌리더라도 전기는 생각보다 오래 가지 못하기 때문에, 많은 언덕을 넘기 위해서는 전기 이용을 최대한 아끼는 것이 좋다. 자전거 동호인들도 만족할 만한 중상급의 MTB와 로드 사이클을 빌릴 수 있는 숍도 일부이며, 일반 도로가 아닌 숲길로 안내하는 자전거 투어를 진행하기도 한다.

🚲 다키카와 사이클 滝川サイクル

주소 上川郡美瑛町栄町1丁目-7-4 **위치** JR 비에이(美瑛)역에서 도보 1분 **시간** 7:00~18:00 **요금** 200엔(보통 자전거, 1시간), 600엔(전동 자전거, 1시간), 300엔(MTB, 1시간), 700엔(스쿠터, 1시간) *국제운전면허증 필요 **전화** 0166-92-3448

🚲 마쓰우라 쇼텐 松浦商店

주소 上川郡美瑛町本町1丁目-2-1 **위치** JR 비에이(美瑛)역에서 도보 1분 **시간** 8:00~19:00 **요금** 200엔(보통 자전거, 1시간), 600엔(전동 자전거, 1시간) **전화** 0166-92-1415

🚲 가이도노 야마고야 ガイドの山小屋

주소 上川郡美瑛町美馬牛南1丁目 **위치** JR 비바우시(美馬牛)역에서 도보 1분 **시간** 9:00~18:00 **요**금 2,200엔(보통 자전거, 4시간), 3,000엔(전동 자전거, 4시간) **홈페이지** www.yamagoya.jp **전화** 0166-95-2277

🚲 라벤더 숍 모리야 ラベンダーショップもりや

주소 富良野市日の出町2-1 **위치** JR 후라노(富良野)역에서 도보 1분 **시간** 8:00~19:00 **요금** 200엔(보통 자전거, 1시간), 500엔(전동 자전거, 1시간) **전화** 0167-22-2273

🚲 도코토코 사이클링 tocotoco cycling

주소 空知郡中富良野町西線北14号北星山 **위치** JR 나카후라노(中富良野)역에서 도보 5분 **요금** 3,000엔(전동 자전거, 4시간), 5,000엔(MTB[데오레급],1일), 6,000엔(로드[티아그라급], 1일) **홈페이지** www.art-box.co.jp **전화** 0167-44-4255

화사한 꽃밭으로 가득한 길

패치워크 길 パッチワークの路 [팟치워-쿠노미치]

주소 上川郡美瑛町大村 **위치** JR비에이(美瑛)역 북서쪽 일대

여러 농작물, 꽃을 심은 밭의 모습이 마치 작은 천 조각을 이어 붙인 패치워크와 비슷하다 해서 붙여진 이름으로, 비에이역을 중심으로 북서쪽 지역 일대를 일컫는다. 반대편 파노라마 로드와 함께 비에이 지역의 대표적인 풍경을 자랑하며 미디어를 통해 소개된 나무들과 예쁜 꽃들이 피는 관광 화원이 있다. 도보로 이동하는 데는 다소 어려움이 있기 때문에, 비에이역 앞에서 자전거나 자동차를 렌트해서 이용하는 것이 좋다.

주요 라벤더밭 & 화원 한눈에 보기

패치워크 길

세븐스타 나무
오야코 나무
켄과 메리의 나무
호쿠세이 언덕 전망 공원
제루부노오카
마일드 세븐 언덕
비에이역

크리스마스 트리의 나무
간노팜
파노라마 로드
비바우시역
시키사이노오카

히노데 공원
가미후라노역
팜도미타
나카후라노역
사이카노오카 사사키 팜
후라노 와인 공장
후라노역
후라노 잼 공원

◉ 제루부노오카　ぜるぶの丘 [제루부노오카]

주소 上川郡美瑛町大三　**맵코드** 389 071 442 * 26　**위치** JR 비에이(美瑛)역에서 북서쪽으로 2km　**시간** 9:00~17:00　**휴무** 부정기, 겨울철　**요금** 500엔(4륜 버기카 1인승), 800엔(4륜 버기카 2인승)　**홈페이지** biei.selfip.com　**전화** 0166-92-3160

후라노의 팜도미타와 함께 가장 아름다운 화원으로 꼽히는 곳으로 카제(바람), 카오루(향기나다), 아소부(놀다)에서 뒷글자를 따서 이름을 지었다. 6월부터 9월 말 또는 10월 초까지 라벤더, 샐비어, 해바라기, 베고니아, 수국 등 다양한 꽃이 색깔별로 길게 심어져 있어 관광 화원의 진면목을 느낄 수 있다. 카페와 레스토랑, 기념품 숍이 있으며 여름에는 밭 사이를 버기카를 타고 둘러볼 수도 있다.

◉ 호쿠세이 언덕 전망 공원

北西の丘展望公園 [호쿠세이노오카 텐보코-엔]

주소 上川郡美瑛町大久保協生　**맵코드** 389 070 315　**위치** JR 비에이(美瑛)역에서 북서쪽으로 2km　**시간** 9:00~17:00　**휴무** 겨울철　**전화** 0166-92-4445

피라미드 모양을 한 시선을 끄는 전망대가 있는 공원이다. 라벤더 꽃밭을 비롯해 공원 곳곳을 꽃들로 물들어 있고, 한편에는 메밀밭과 잔디밭이 있어 색다른 분위기를 연출한다. 이곳

에서 판매하는 연보랏빛의 라벤더 소프트크림(아이스크림)은 자칭 라벤더 소프트아이스크림의 원조라 한다. 버터구이 감자나 튀긴 고구마도 판매하고 있다.

◉ 켄과 메리의 나무

ケンとメリーの木 [켄토메리-노키]

주소 上川郡美瑛町大久保協生　**맵코드** 389 071 727　**위치** JR 비에이(美瑛)역에서 북서쪽으로 2km

비에이역에서 북서쪽으로 2km 거리에 있는 커다란 한 그루의 포플러 나무다. 1972년 닛산 자동차 광고에 나오면서 켄과 메리의 나무라 불리게 됐다. 당시 광고 음악이 포크송 그룹 버즈BUZZ의〈켄과 메리-사랑과 바람처럼ケンとメリー〜愛と風のように〜〉이었고, 오리콘 차트에도 오를 만큼 큰 인기를 끌어 이 나무도 인기를 얻게 됐다. 비에이의 나무 중 가장 인기있다.

🔘 마일드 세븐 언덕 マイルドセブンの丘 [마이루도세븐노오카]

주소 上川郡美瑛町美田 **맵코드** 389 036 599 **위치** JR 비에이(美瑛)역에서 서쪽으로 3km

비에이역에서 서쪽으로 3km 거리에 있는 언덕으로, 1978년 마일드세븐(일명 마세이, 현재는 메비우스) 담배 광고에 등장하면서 지금의 이름으로 불리게 됐다. 언덕 앞에 늘어선 소나무 방풍림이 특징인데, 바람을 막기 위한 나무이기도 하지만 오래전에는 농지를 구분하는 역할을 하기도 했다. 소형차는 가까이 갈 수 있지만 대형차는 진입이 어려워 비교적 사람이 많지 않은 편이다.

🔘 오야코 나무 親子の木 [오야코노키]

주소 上川郡美瑛町美田 **맵코드** 389 157 861*05 **위치** JR 비에이(美瑛)역에서 북서쪽으로 4km

비에이에서 북서쪽으로 4km 정도 떨어진 곳에 서 있는 세 그루의 측백나무를 오야코 나무라 부른다. 큰 나무 두 그루 사이에 작은 나무가 있어 마치 부모親[오야] 사이에 있는 자식子[코]처럼 보인다고 해서 '부모와 자식의 나무'라 불리는 것이다. 바로 앞의 밭은 매년 작물을 바꾸기 때문에 방문할 때마다 조금씩 다른 분위기를 보여 준다. 참고로 닭고기(부모)와 계란(자식)이 들어간 덮밥(돈부리)을 오야코돈이라 부른다.

🔘 세븐스타 나무

セブンスターの木 [세븐스타-노키]

주소 上川郡美瑛町北瑛 **맵코드** 389 157 129 **위치** JR 비에이(美瑛)역에서 북서쪽으로 5km

비에이역에서 북서쪽으로 5km 거리에 있는 한 그루의 참나무로, 1976년 세븐스타 담배의 패키지로 소개되면서 인기를 얻게 됐다. 주변이 밭으로 둘러싸여 있고 오랫동안 관리돼 가장 눈에 띄는 나무로 아사히카와 지역에서 비에이를 방문하면 가장 먼저 보이는 나무다. 비에이에서는 거리도 멀고, 도착하기 직전 급경사가 이어지기 때문에 자전거로 방문하기에는 어려움이 있다.

비에이와 어울리는 양식 레스토랑

양식과 카페 준페이 洋食とCafeじゅんべい [요-쇼쿠토 카훼- 쥰페이]

주소 上川郡美瑛町本町4丁目4-10 **맵코드** 389 011 378*85 **위치** JR 비에이(美瑛)역에서 도보 10분 **시간**
10:30~14:00, 14:00~20:00 **휴무** 월요일 **가격** 1,100엔(에비돈 3마리), 1,310엔(에비돈 4마리), 1,100엔
(가쓰돈 150g) 1,310엔(가쓰돈 200g), 390엔(핫도그 준도그) **전화** 0166-92-1028

외관부터 귀여운 폭스바겐의 클래식 자동차
가 맞이해 주는 양식 레스토랑 준페이다. 바삭
바삭한 식감이 훌륭한 새우 튀김이 올려진 에
비돈海老丼과 홋카이도산 돼지고기로 만든 가

쓰돈ポークかつ丼이 인기가 있다. 테이크아웃 가
능한 간단 음식인 핫도그 준도그ジュンドック
도 B급 구루메 메뉴로 유명하다.

언덕 위의 꽃밭을 감상하는 길

파노라마 로드 パノラマロード [파노라마로-도]

주소 上川郡美瑛町本町丁目 **위치** JR 비에이(美瑛)역 남동쪽 일대

비에이역 남쪽부터 비바우시역 동쪽 일대를
파노라마 로드라고 부른다. 반대편 패치워크
길에 비해 언덕이 많아서 비에이가 '언덕의 마
을'로 불리는 이유를 실감할 수 있다. 동쪽에
위치한 시로가네 온천으로의 이동도 편리하
며 후라노의 풍경 사진을 전시하고 있는 '다쿠
신칸'과 다양한 체험을 즐길 수 있는 '시키사
이노오카' 관광 화원이 있어 많은 여행객이 찾
는다.

> **TIP** 패치워크 길과 파노라마 로드 두 곳을 하루만에 보는 것은 렌터카를 이용해도 무리가 있다. 두 코스 중
> 하나만 선택을 하거나 비에이역을 중심으로 가까운 곳, 꼭 가고 싶은 곳만 선택적으로 방문하는 것이 좋다. 렌
> 터카가 아닌 대중교통을 이용한다면 자전거를 대여하고, 가급적 전동 자전거를 이용할 것을 추천한다.

📷 크리스마스트리의 나무 クリスマスツリーの木 [쿠리스마스츠리-노키]

주소 上川郡美瑛町美馬牛 **맵코드** 349 788 203*53 **위치** JR 비에이(美瑛)역에서 남쪽으로 4km

비에이역에서 남쪽으로 4km 거리의 농경지에 심어져 있는 나무로, 크리스마스 트리와 닮아 인기가 많다. 개인이 운영하는 농경지기 때문에 가까이 들어갈 수는 없지만 언덕을 배경으로 예쁜 사진을 찍을 수 있고 해질 녁 태양이 나무 뒤쪽에 드리워져 석양 명소이기도 하다. 안내 표

지판이 없고 근처에 주차할 곳이 마땅치 않아 찾아가는 데 조금 더 신경을 써야 한다.

📷 간노팜 かんのファーム [칸노화-무]

주소 空知郡上富良野町西12線北36号 **맵코드** 349 728 754 **위치 ❶** JR 비바우시(美馬牛)역에서 도보 10분 **❷** JR 비에이(美瑛)역에서 남쪽으로 5km **시간** 9:00~일몰까지(6월 중순~10월 중순) **홈페이지** www.kanno-farm.com **전화** 0167-45-9528

비바우시역에서 도보 약 10분 거리에 있는 간노팜은 후라노와 비에이 지역 관광 화원 중 열차 역에서 가장 가까운 화원이다. 규모가 큰 편은 아니지만 6월부터 10월까지 화사한 색상의 꽃들이 가득하고, 경사진 꽃밭 산책로와 언덕 위 하얀 지붕의 오두막집은 분위기 있는 사진을 찍기에도 좋다. 매점에서는 드라이플라워와 라벤더 포푸리 등의 제품을 판매하고 있다.

📷 비바우시 초등학교

美馬牛小学校 [비바우시 쇼-갓코-]

주소 上川郡美瑛町美馬牛南2-2-58 **맵코드** 349 730 096*50 **위치** JR 비바우시(美馬牛)역에서 도보 15분

일본의 유명한 풍경 사진 작가 마에다 신조前田真三의 사진집에서 탑이 있는 언덕을 통해 유명해진 초등학교로, 높은 종탑이 이국적인 분위기를 연출한다. 마에다 신조의 작품뿐 아니라 쉬는 시간의 종소리는 멀리 떨어져 있는 비바우시역 너머까지 들린다. 마에다 신조의 작품은 파노라마 로드에 있는 다쿠신칸에서 볼 수 있는데 이곳에서 실제 모습을 보고 다쿠신칸에 가면 사진을 볼 때의 느낌이 달라진다.

🚍 시키사이노오카 四季彩の丘 [시키사이노오카]

주소 上川郡美瑛町新星第三 **맵코드** 349 701 186*65 **위치** ❶ JR 비에이(美瑛)역에서 남쪽으로 7km ❷ JR 비바우시(美馬牛)역에서 도보 25분 **시간** 9:00~17:00(4~5월, 10월), 8:30~18:00(6~9월), 9:00~16:00(11~3월) **요금** 1,000엔(스노 모빌 1km 1명), 5,100엔(스노 모빌 5km[30분 코스] 1인), 6,300엔(스노 모빌 5km[30분 코스] 2인) **홈페이지** www.shikisainooka.jp **전화** 0166-95-2758

파노라마 로드의 대표적인 관광 화원으로 여름에는 트랙터, 겨울에는 스노 모빌을 타는 액티비티를 즐길 수 있다. 건초 더미를 말아 올린 인형이 시키사이 언덕의 마스코트며, 남자는 롤군, 여자는 롤짱으로 부른다. 파노라마 로드의 중간에 위치하고 있어 이곳을 중심으로 어디든 이동이 편리하다. 화원 한편에는 남미 안데스산맥에 사는 알파카를 키우는 목장이 있어 알파카의 귀여운 모습에 어린 아이들이 즐거워한다.

🚍 다쿠신칸 拓真館 [타쿠신칸]

주소 上川郡美瑛町字拓進 **맵코드** 349 704 272 **위치** JR 비에이(美瑛), JR 비바우시(美馬牛)역에서 차로 15분 **시간** 9:00~17:00(5~10월), 10:00~16:00(11~4월) **요금** 입관 무료 **전화** 016-92-3355

작품 활동을 위해 일본 전국 일주를 하던 사진 작가 마에다 신조가 비에이에 도착해서 일본의 다른 시골과는 다른, 유럽의 분위기가 나는 풍경에 반해 설립한 사진 갤러리. 신발을 벗고 갤러리에 들어가는 것도 독특하며, 2층으로 되어 있는 갤러리 안에는 비에이, 비바우시의 아름다운 풍경 사진이 가득하다. 내부 사진 촬영은 금지돼 있으며, 사진 작품, 사진집 등을 판매하고 있다. 비에이와 비바우시의 풍경 사진이 가장 많아, 갤러리를 보고 밖으로 나가면 그의 작품 속 풍경이 펼쳐진다.

비에이에서 가장 신비로운 풍경

파란 연못 青い池 [아오이이케]

주소 上川郡美瑛町白金 **맵코드** 349 568 888 **위치 ❶** JR 비에이(美瑛)역에서 차로 약 20분 **❷** 시로가네 온천에서 차로 3분 **시간** 24시간 개방(야간에는 조명 없음, 11~2월 17시~21시 야간 조명)

도카치산 기슭의 시로가네 온천으로 가는 국도 옆에 있는 작은 연못이다. 1988년 도카치 산의 화산 분출 후 산사태 방지 등을 위해 제방을 만들었는데 이후에 물이 고여 생긴 인공 연못이다. 1997년 비에이 지역의 사진 작가 다카하시 마스미가 우연히 이곳을 발견한 후 사진 애호가를 중심으로 자연스레 알려지기 시작했고, 신비로운 분위기의 사진으로 애플 아이폰(iPhone)의 배경으로도 볼 수 있다. 2016년 하반기부터는 아사히카와에서 출발해 비에이역과 파란 연못을 경유해 시로가네

온천으로 가는 버스가 운행을 시작해 보다 찾아가기 쉬워졌고, 겨울에는 조명을 켜서 더욱 신비로운 분위기를 연출한다.

도카치 산 기슭의 자연 온천

시로가네 온천 白金温泉 [시로가네 온센]

주소 上川郡美瑛町白金 **맵코드** 796 182 604 **위치** JR 비에이(美瑛)역에서 차로 약 25분

후라노·비에이 지역을 둘러싸고 있는 웅장한 경관의 다이세쓰 산과 도카치 산 기슭에 있는 작은 온천 마을이다. 70여 년 전 마을 이장이 온천을 발견하면서 료칸 한 채로 온천 마을이 시작됐다. 당시는 온천 외에 볼 것이 없다는 이유로 인기를 끌지 못했지만, 환경에 대한 관심이 많아지면서 청정한 자연 속 온천 이미지로 거듭나 치유 목적으로 온천을 방문하는 사람이 많아졌다. 온천 마을을 중심으로 원시림

자연 산책로 코스 3개가 있어 이곳에 숙박하면서 온천과 삼림욕을 함께 즐길 수 있다.

⊙ 흰 수염 폭포 白ひげの滝 [시로히게노타키]

위치 시로가네 온천 입구

파란 연못과 함께 시로가네 온천의 신비로운 풍경으
로 꼽히는 폭포다. 온천 마을에서 넓게 퍼져 내려가는
하얀 폭포와 폭포 아래 흐르는 푸른빛이 도는 계곡이
사계절에 걸쳐 아름다운 모습으로 관광객을 맞이한
다. 온천 마을 입구에 있기 때문에 시로가네 온천을 방문하면 자연스레 볼 수 있는 풍경이다.

⊙ 시로가네 온천 원시림 白金温泉 原生林 [시로가네온센 겐세이린]

위치 시로가네 온천 일대 **코스별 거리 및 소요 시간** 원생림
산책로 4.3km, 120분/ 시라카바 산책로 3.0km, 60분/ 우
구이스다니 산책로 3.8km, 120분 **홈페이지** www.biei-
shiroganeonsen.com

시로가네 온천 입구에서 파란 연못을 다녀오는 시라카
바 산책로白樺遊歩道와 원시림 산책로原生林遊歩道는 대
부분이 평지인 산책 코스로 남녀노소 부담 없이 다녀올
수 있다. 해발 930m의 도카치 산 전망대까지 오르는 우구이스다니 산책로ウグイス谷遊歩道는 약간의
경사가 있지만, 우리나라 산에서 보는 모습과는 다른 풍경을 즐기며 트레킹을 할 수 있고 화산 활동으
로 만들어진 전망대에서의 풍경도 감상할 수 있다.

🔆 TIP 파란 연못, 시로가네 온천을 대중교통으로 가기

도호쿠 버스 운행 시간표

❶ 파란 연못, 시로가네 온천행

JR 아사히카와역 旭川駅		8:35	11:20	14:55	16:35
비에이 美瑛	6:55	9:26	12:11	15:46	17:26
시로가네 파란 연못 입구	7:15	9:46	12:31	16:06	17:46
시로가네 온천 白金温泉	7:21	9:52	12:37	16:12	17:52

❷ 비에이, 아사히카와역행

시로가네 온천 白金温泉		7:37	10:22	13:07	16:43
시로가네 파란 연못 입구		7:39	10:24	13:09	16:45
비에이 美瑛	7:11	8:08	10:53	13:38	17:14
JR 아사히카와역 旭川駅	8:02	9:00	11:45	14:30	18:06

❸ 요금

비에이-파란 연못 : 540엔, 비에이-시로가네 온천 : 650엔, 파란 연못-시로가네 온천 : 110엔

HOKKAIDO

도동·도북

道東·道北

45.26

**자연 그대로의 도동, 일본 최북단의
도북 그 두 가지 매력 속으로!**

훗카이도의 동쪽 지역은 아직도 곰과 여우가
출몰하는 자연 그대로의 모습을 간직하고 있
다. 훗카이도 전체 면적의 40%를 차지하는
넓은 지역 안에 소도시들이 드문드문 위치한
도동 지역은 열차 운행도 많지 않고, 렌터카
를 이용해도 이동 시간이 길기 때문에 쉽게
여행할 수 있는 지역은 아니지만 대도시에서 경험할 수
없는 특별한 시간을 선사해 준다. 훗카이도의 가장 북
쪽인 도북 지역 역시 2017년 3월 열차 시간표가 개정되

면서 찾아가기 더욱 어려워졌지만, 일본 전체의 최북단
이라는 의미가 있기 때문에 로망을 가지고 방문하는 사람
들이 있다. 도동과 도북 지역은 훗카이도에 처음 방문하는
사람들에게는 쉽게 추천할 수 있는 곳은 아니지만 충분한 매력을 지닌 여행지다.

도동·도북 BEST COURSE

	열차 5시간 30분 ···▸		열차 1시간 30분 ···▸		열차+버스 2시간 ···▸
⭐		⭐		⭐	
삿포로		**구시로 피셔맨즈 워프 무**		**마슈 호수 제1 전망대**	

	◂··· 열차 5시간		◂··· 열차+버스 1시간 30분		
⭐		⭐		⭐	
삿포로		**박물관 아바시리 감옥**		**시레토코 5호**	

시레토코 5호-
知床五湖

시레토코 자연 센터
知床自然センター

후레페의 폭포
フレペの滝

시레토코 관광선 오로라
知床観光船おーろら

우토로 버스 터미널
ウトロ バスターミナル

우토로 온천
ウトロ温泉

JR 아바시리역
JR 網走駅

유빙 관광 쇄빙선 오로라
流氷観光砕氷船おーろら

박물관 아바시코 감옥
博物館網走監獄

오호츠크 유빙관
オホーツク流氷館

JR 시레토코샤리역
JR 知床斜里駅

도동

굿샤로 호수
屈斜路湖

가와유 온천
川湯温泉

JR 가와유온센역
JR 川湯温泉駅

마슈 호수
摩周湖

아칸 호수 아이누코탄
阿寒湖アイヌコタン

JR 마슈역
JR 摩周駅

아칸 호수
阿寒湖

도북

아칸 버스 센터

땅의 비
地の碑

아칸 관광 기선
阿寒観光汽船

북방파제돔
北防波堤ドーム

JR 왓카나이역
JR 稚内駅

도로 호수 에코 뮤지엄 센터
塘路湖エコミュージアムセンター

구시로 습원
釧路湿原

구시로 습원 전망대
釧路湿原展望台

JR 구시로역
JR 釧路駅

와쇼 시장
和商市場

구시로 피셔맨즈 워프 무
釧路フィッシャーマンズワーフMOO

도동·도북 찾아가기

홋카이도 도동 여행은 구시로 또는 아바시리에서 시작한다. 삿포로와 구시로, 아바시리는 삼각 지대를 이루고 있다. 삿포로 시내와 도동 지역 여행을 함께할 계획이라면 열차를 이용해 삿포로에서 구시로로 이동하고, 구시로에서 아바시리, 아바시리에서 삿포로로 돌아오는 동선으로 하는 것이 가장 좋다. 도북의 왓카나이, 도동의 구시로와 아바시리만 방문하고, 삿포로는 방문하지 않는다면 도쿄 하네다를 경유하는 일본 국내선 항공편을 이용해서 구시로 공항, 아바시리의 메만베쓰 공항을 이용하는 것이 효율적이다.

 ## 일본 국내선 공항에서 시내까지

일본항공 JAL, 전일본공수 ANA를 이용하면 도쿄 하네다 공항을 경유해 도동 지역의 구시로 공항 또는 메만베쓰 공항으로 이동할 수 있다. 도쿄를 경유하는 것이 삿포로 공항으로 도착해 도동 지역으로 이동하는 것보다 이동 시간도 단축되고, 비용도 저렴해진다.

📍 **구시로 공항釧路空港에서 구시로 시내까지**
리무진 버스 이용 시 구시로역까지 약 45분 소요 / 요금 940엔(비행기 도착 시간 후 20~25분 후 버스 출발)

📍 **메만베쓰 공항女満別空港에서 아바시리 시내까지**
리무진 버스 이용 시 아바시리역까지 약 35분 소요 / 요금 910엔

📍 **왓카나이 공항稚内空港에서 왓카나이 시내까지**
렌터카 이용 시 약 25분(12km) / 대중교통 없음

 ## JR 열차로 삿포로에서 도동·도북 주요 도시까지

📍 **삿포로 – 구시로 / 특급 오조라 特急 おおぞら**
9,370엔(왕복 할인 티켓 구입 시 자유석 15,820엔, 16,860엔)

삿포로 札幌 출발	7:00	8:54	11:53	14:16	17:24	19:40
구시로 釧路 도착	11:00	13:20	15:56	18:39	21:59	23:55
구시로 釧路 출발	6:26	8:23	11:24	13:39	16:14	19:00
삿포로 札幌 도착	10:45	12:26	15:41	17:56	20:15	22:58

삿포로 – 아바시리 / 특급 오호츠크 特急 オホーツク
9,910엔(왕복 할인 티켓 구입 시 자유석 지정석 16,870엔)

삿포로 札幌 출발	6:56	11:00*	15:30*	17:30
아바시리 網走 도착	12:18	16:35	20:49	23:00
아바시리 網走 출발	5:56	8:06*	12:35*	17:25
삿포로 札幌 도착	11:18	13:25	17:55	22:53

*열차는 삿포로에서 아사히카와까지 특급 라일락ライラック, 아사히카와에서 특급
다이세쓰大雪로 환승

 삿포로 – 왓카나이 / 특급 소야 特急 宗谷 / 10,450엔

삿포로 札幌 출발	7:30	12:00*	18:30*
왓카나이 稚内 도착	12:40	17:21	23:47
왓카나이 稚内 출발	6:36	13:01*	17:46*
삿포로 札幌 도착	11:55	18:25	22:57

*열차는 삿포로에서 아사히카와까지 특급 라일락ライラック, 아사히카와에서 특급
사로베쓰サロベツ로 환승

 # 도동·도북 시내교통

도동과 도북 지역은 대중교통, 시내 교통 수단이 많지 않고 시가지가 넓지 않아 대부분 도
보로 이동할 수 있다. 주변의 관광지까지 이동을 고려하면 렌터카를 이용하는 것이 가장
좋다.

유용한 패스

구시로, 아바시리 중 한 도시만 방문할 예정이라면
왕복 할인 티켓으로 일반 운임의 약 10% 정도를
절약할 수 있다. 하지만 도동 지역을 효율적으로 관
광하기 위해서는 홋카이도 레일 패스를 구입하는
것이 좋다. 도동 지역 일정이 3일이라면 3일 연속
패스(16,500엔)를 구입하고, 체재 일수가 길다면
선택적으로 4일을 이용할 수 있는 플렉시블 4일 패스(22,000엔)를 구입하는 것이 좋다
(JR 홋카이도 레일 패스 참고).

위치 ❶ 삿포로에서 특급 열차로 약 5시간 **❷** 구시로에서 일반 열차로 약 3시간 30분

오호츠크 해에 맞닿은 항구 도시로, 호수와 강, 산으로 둘러싸여 있고 겨울에는 유빙이 떠내려오는 것으로 유명하다. 해양성 기후 덕분에 유빙이 내려오기도 하지만 추울 때와 더울 때의 차이가 심하지 않고, 한겨울에도 동부 지역 중에는 비교적 따뜻한 편이다. 오호츠크 유빙관, 박물관 아바시리 감옥 등은 도보로 이동할 수 없기 때문에 버스 또는 택시로 이동해야 하며, 겨울철 유빙선이 출항하는 항구는 시내에서 가까운 곳에 위치해 있다.

🚌 **주요 관광지를 순환하는 버스**
아바시리 관광 시설 순환 버스 あばしり観光施設めぐりバス

판매 장소 ❶ JR 아바시리(網走)역 관광 안내소 **❷** 아바시리 버스 터미널 **요금** 800엔(1일간 유효) **전화** 0152-43-4101(아바시리 버스[網走バス]) **홈페이지** www.abashiribus.com

아바시리의 인기 관광지는 시내에서 조금 떨어진 곳에 있다. 오호츠크 유빙관, 박물관 아바시리 감옥 등 인기 관광 시설을 순환하는 버스로, 800엔으로 하루 동안 자유롭게 이용할 수 있으며 여름보다 겨울에 운행 편수가 늘어난다.

옛 감옥을 그대로 재현한 역사 박물관

박물관 아바시리 감옥 博物館網走監獄 [하쿠부츠칸 아바시리 칸고쿠]

주소 網走市字呼人1-1 **위치 ❶** JR 아바시리(網走)역에서 도보 40분 **❷** 관광 시설 순환 버스 이용 시 약 10분 **시간** 8:30~18:00(5~9월), 9:00~17:00(10~4월)/ 가이드 투어(일본어) 10:00, 11:30, 14:30(4월 21일~10월 20일, 무료, 50분 소요 *동계 진행 없음) **요금** 1,080엔(어른), 750엔(대학생, 고등학생), 540엔(중학생, 초등학생) *홈페이지에 인터넷 10% 할인권 이용 **홈페이지** www.kangoku.jp **전화** 0152-45-2411

아바시리 국정 공원 내에 위치한 역사 박물관으로, 현재의 아바시리 형무소가 '아바시리 감옥'으로 불리던 메이지 시대의 실제 감옥을 이축, 복원해 공개하고 있다. 적은 인원으로 감시에 용이한 5개 방사형 구조의 감방과 중앙 감시소를 비롯 청사, 교회당, 형무 지소 등 8개

동이 중요 문화재로 지정됐고, 각각의 건물에는 리얼한 마네킹들이 당시의 생활 모습을 생생하게 재현하고 있다. 또한 현대의 아바시리 형무소의 점심 식사를 재현한 감옥식監獄食을 체험해 볼 수 있다.

1년 내내 유빙을 체험할 수 있는 경치 좋은 미술관

오호츠크 유빙관 オホーツク流氷館 [오호-츠쿠류-효-칸]

주소 網走市天都山244番地の3 **위치** 관광 시설 순환 버스 이용 시 약 15분 **시간** 8:30~18:00(5~10월), 9:00 ~16:30(11~4월), 10:00~15:00(12월 29일~1월 5일) **홈페이지** www.ryuhyokan.com **전화** 0152-43-5951

유빙과 절경을 함께 체감할 수 있는 곳으로, -15℃ 기온의 전시실 '유빙 체감 테라스'에서는 겨울 바다에서만 볼 수 있는 실제 유빙을 접해 보고, 젖은 수건을 돌리면 순간 얼어 버리는 재미있는 체험도 할 수 있다. 입장 전에 코트를 대여해 주기 때문에 한여름 방문에도 문제없다. 또 해발 207m의 덴토 산天都山 정상에 위치해 있어 전망 테라스에서는 오호츠크 해와 시레토코 연산, 아바시리 호수 등을 파노라마로 즐

길 수 있다. 레스토랑의 메뉴도 충실하고 카페의 오호츠크 해 소금으로 만든 소금 캐러멜 아이스크림이 특히 인기 있다.

꽁꽁 언 바다를 가로지르는 크루즈 투어

유빙 관광 쇄빙선 오로라

流氷観光砕氷船おーろら [아바시리 류-칸코-세이효-센 오-로라]

주소 網走市南3条東4丁目5の1 **위치** JR 아바시리(網走)역에서 버스로 약 10분 (택시 이용 시 약 1,000엔) **시간** 9:00, 11:00, 13:00, 15:00(1월 20일~1월 31일)/ 11:00, 12:30, 14:00 15:30(2월, 9:30)/ 9:30, 11:30, 13:30, 15:30(3월) *3월 15일 이후는 전날까지 예약자 15명 이하인 경우는 운휴 *유빙이 없는 날은 노토로 곶까지 해상 유람 코스로 변경 진행 *출항 15분 전까지 탑승 수속을 마쳐야 함 **요금** 3,300엔(성인), 1,650엔(초등학생) **홈페이지** www.ms-aurora.com/abashiri/en(예약) **전화** 0152-43-6000

겨울철 아바시리 관광의 묘미는 바로 유빙 관광 쇄빙선 오로라다. 1월 하순에서 3월 하순경 러시아와 중국 사이를 흐르는 아무르 강에서 오호츠크 해에 흘러 들어온 물이 얼어서 떠내려온다. 약 400명 이상의 인원이 한 번에 탑승 가능한 대형 크루즈 오로라호가 그 무게로

꽁꽁 언 얼음 바다를 깨면서 전진한다. 약 1시간 안팎의 코스로 유빙에 도달했을 때는 선내보다는 외부 전망 데크에서 보는 것을 추천한다. 유빙이 깨지는 소리와 충격을 생생하게 체험할 수 있고 멀리 유빙 위에서 쉬는 바다표범이나 조류 등 야생 동물들도 확인할 수 있다.

도동 구시로 釧路

위치 ❶ 삿포로에서 특급 열차로 약 4시간 ❷ 구시로에서 일반 열차로 약 3시간 30분

홋카이도 동남부에 위치한 구시로는 난류와 한류가 맞닿는 지점 가까이에 위치해 두 바다 위에 떠 있는 듯한 독특한 풍토와 문화가 축적돼 있다. 아칸 연봉의 아름다움과 끝없이 펼쳐 지는 구시로 습원 국립 공원을 배경으로 한 변화무쌍한 자연환경과 풍부한 생물 등의 다양 성이 존재하는 생명의 보고다. 관광 명소를 찾아다니는 여행보다는 와일드한 자연 속 구시 로에 있는 것 자체를 즐기는 여행을 시작해 보자. 노롯코 열차를 타고 구시로의 비경을 둘러 보거나 드라이브 또는 산책을 하며 대자연을 체감할 수 있다.

원하는 재료만 올려 먹는 나만의 해산물 덮밥이 유명한 곳

와쇼 시장 和商市場 [와쇼-이치바]

주소 釧路市黒金町13-25 **맵코드** 149 256 361*76 **위치** JR 구시로(釧路)역에서 도보 10분 **시간** 8:00~ 18:00(4~12월), 8:00~17:00(1~3월) **휴무** 일요일(부정기) **홈페이지** www.washoichiba.com **전화** 0154-22-3226

일본 최대의 어획량을 자랑하는 구시로 항구를 기반으로 하는 재래시장으로, 삿포로의 니조 시장, 하코다테의 아침 시장과 함께 홋카이도의 3대 재래시장으로 불린다.

재래시장을 구경하면서 다양한 해산물을 맛 볼 수 있으며, 와쇼 시장의 명물은 갓테돈勝手 丼 또는 마이돈My丼이라 불리는 해산물 덮밥 으로, 밥을 먼저 구입하고 원하는 해산물을 넣 어 나만의 덮밥을 만들어 먹는 것이다.

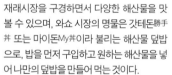

구시로의 대표적인 복합 상업 시설
구시로 피셔맨즈 워프 무
釧路フィッシャーマンズワーフMOO [쿠시로 휫샤-만즈워-후 무-]

주소 釧路市錦町2-4 **맵코드** 149 226 464*78 **위치** JR 구시로(釧路)역에서 도보 10분 **시간** 10:00~19:00(1층 상점가), 11:00~22:00(2층 식당가), 6:00~22:00(EGG, 4~10월), 7:00~22:00(EGG, 11~3월) **홈페이지** moo946.com **전화** 0154-23-0600

현지인들은 보통 '무-'라 부르는 구시로 최대 규모의 복합 상업 시설이다. 도시의 상징이라고 할 수 있는 안개霧의 음독인 '무'를 이미지로 이름을 지었으며 1층에는 구시로 지역의 특산품과 기념품을 파는 상점, 2층에는 음식점과 카페 등이 모여 있다. MOO와 연결돼 있는 EGG는 'Ever Green Garden'의 약자로 전면이 유리로 되어 있는 실내 정원이며 연간 다양한 이벤트가 개최된다.

자연이 살아 있는 일본 최대의 습지
구시로 습원 釧路湿原 [쿠시로 시츠겐]

구시로 시 북쪽에 넓게 자리하고 있는 구시로 습원는 총 면적 183m²로 일본 최초로 람사르 조약에 등록된 곳이기도 하다. 에조 사슴, 흰꼬리독수리 등 2천여 종의 동식물이 서식하고, 겨울에는 천연기념물인 두루미タンチョウ가 도래한다. 습지를 내려다볼 수 있는 전망대가 설치돼 있고 곳곳에 산책로를 만들어 두어 트레킹을 즐기기에도 좋다. 6~10월 하순 여름 시즌에는 오픈형 열차 구시로 습원 노롯코호くしろ湿原ノロッコ号와 1~3월 겨울 시즌에는 증기 기관차 SL 겨울의 습지호SL 冬の湿原号가 일반 열차보다 천천히 운행해 습지의 풍경을 감상하며 이동할 수 있다.

구시로 습원 전망대 釧路湿原展望台

주소 釧路市北斗6-11 **맵코드** 149 548 538*72 **위치** JR 구시로(釧路)역에서 버스로 약 40분(680엔) **시간** 8:30~18:00(5~10월), 9:00~17:00(11~4월) **가격** 470엔(성인), 250엔(고등학생), 120엔(초등학생, 중학생) **홈페이지** www.kushiro-kankou.or.jp/tenboudai **전화** 0154-56-2424

도로 호수 에코 뮤지엄 센터
塘路湖エコミュージアムセンター

주소 川上郡標茶町塘路原野 **맵코드** 576 841 131*16 **위치** JR 도로(塘路)역에서 도보 10분 **시간** 10:00~17:00(4~10월), 10:00~16:00(11~3월) **휴관** 수요일

도동 **아칸 국립 공원** 阿寒国立公園

주소 川上郡弟子屈町 **위치** ❶ JR 구시로(釧路)역에서 아칸 버스 센터까지 버스로 약 2시간 10분(편도 2,700엔, 왕복 4,650엔) ❷ 구시로에서 마슈까지 JR 열차로 약 1시간 30분(편도 1,680엔) ❸ 구시로에서 JR 가와유온센(川湯温泉)역까지 JR 열차로 약 1시간 40분(편도 1,840엔)

아칸 국립 공원은 1934년 다이세쓰 산과 함께 국립 공원으로 지정된 홋카이도에서 가장 오래된 국립 공원이다. 아칸 호수를 중심으로 굿샤로 호수, 마슈 호수와 3대 칼데라호가 있고, 호수를 만들어 낸 오아칸다케, 메아칸다케, 마슈다케 등의 화산이 있다. 숲과 호수, 화산이 만드는 아름다운 풍경과 함께 호수에는 특별 천연기념물로 지정된 마리모가 서식하고 있으며, 원시적인 모습을 간직하고 있어 이 밖에도 다양한 동식물들을 만날 수 있다. 호수를 중심으로 온천이 솟아나고 있어 오래전부터 휴양지로 조성됐으며 고급 료칸과 온천 호텔들이 있다.

숲과 호수로 둘러싸인 온천향

아칸 호수 阿寒湖 [아칸코]

주소 釧路市阿寒湖 **위치** JR 구시로(釧路)역에서 아칸 버스 센터까지 버스로 약 2시간 10분(편도 2,700엔, 왕복 4,650엔)

호수를 둘러싸고 있는 아칸 산의 화산 분화로 생긴 칼데라 호수로, 아칸 국립 공원의 중심이 되며, 호수의 남쪽에는 온천 거리가 조성돼 있다. 둘레는 26km이며, 네 개의 작은 섬이 있는 호수에는 겨울을 제외하면 유람선이 운항하고, 아이누 민족의 전통을 체험할 수 있는 관광객을 위한 쇼핑, 음식점 거리 아이누코탄이 있다.

아이누 민족의 전통 거리
아칸 호수 아이누코탄 阿寒湖アイヌコタン [아칸코 아이누코탄]

주소 釧路市阿寒町阿寒湖温泉4-7-84 **맵코드** 739 341 668 **위치** 아칸 버스 센터에서 도보 15분 **요금** 1,0
80엔(아이누 시어터 '이코로' 전통 무용 입장료 어른), 540엔(초등학생) **홈페이지** www.akanainu.jp

아칸 호수 온천 거리에 있는 홋카이도의 선주
민 아이누 민족의 마을을 아이누코탄이라 한
다. 거리의 양쪽에는 나무 조각 등의 전통 공
예품을 판매하는 상점과 홋카이도의 맛을 느
낄 수 있는 음식점 30채가 모여 있다. 중앙에

설치된 온네치세라는 시설 앞에는 각종 체험
프로그램이 열리고, 아이누 시어터 '이코로'
에서는 중요 무형 민속 문화재와 유네스코 세
계 무형 문화 유산으로 등록돼 있는 아이누 민
족의 전통 무용이 상연된다.

마리모를 만나러 가는 유람선
아칸 호수 관광 기선 阿寒観光汽船 [아칸 칸코-키센]

주소 釧路市阿寒町阿寒湖温泉1丁目5番20号 **맵코드** 739 341 737 **위치** 아칸 버스 센터에서 도보 10분 **시간**
6:00, 8:00~17:00 *1시간 간격(시즌에 따라 변경되니 한국어 홈페이지 참고) **요금** 1,900엔(성인), 990엔(어린
이) **홈페이지** www.akankisen.com **전화** 0154-67-2511

아칸 호수 가운데 있는 추루
이 섬을 다녀오는 유람선
으로, 섬 안의 마리모 관
찰 센터에서 15분 관람
시간을 포함해 총 85분
이 소요된다. 마리모는 동그
란 모양으로 자라는 녹조류의 일종으로, 테니
스공 크기로 자라는 데 무려 1,000년의 시간
이 걸린다고 한다. 전 세계적으로 희귀한 마
리모는 아칸 호수의 상징이다. 12월부터 4월

중순 사이에는 눈이 많이 내리고 안개가 끼는
날이 많기 때문에 유람선 운항을 중지한다.

세계에서 가장 맑은 호수

마슈 호수 摩周湖 [마슈-코]

주소 川上郡弟子屈町 **맵코드** 613 781 430*52(1 전망대), 613 870 689*85(3 전망대) **위치** 구시로에서 JR 마슈(摩周)역(약 1시간 30분, 1,640엔) 하차 후 마슈 호수 전망대까지 버스로 약 25분(4~7월만 운행)

약 7천 년 전 거대한 화산 분화로 생긴 해발 351m에 있는 칼데라 호수다. 러시아의 바이칼 호수와 함께 세계 제일의 투명도를 자랑하며, 1931년 투명도 조사에서 41.5m를 기록했다. 안개가 많이 끼는 것으로도 유명한데, 멀리 이곳까지 찾아와서 안개가 껴 제대로 호수의 모습을 보지 못하는 여행객들을 달래 주기 위해서인지 맑은 날의 코발트블루빛 마슈 호수를 보면 오히려 '혼기가 늦어진다, 출세할 수 없다'라는 이야기도 있고, '연인이 같이 맑은 마슈 호수를 보면 헤어진다'라는 웃지 못할 이야기도 전해진다.

탕치유로 유명한 도동 지역의 비탕

가와유 온천 川湯温泉 [카와유 온센]

주소 川上郡弟子屈町川湯温泉 **맵코드** 731 802 233 **위치** JR 구시로(釧路)역에서 JR 가와유온센(川湯温泉)역(약 1시간 40분, 1840엔) 하차 후 버스로 약 10분(290엔)

오래전부터 온천 강이 흐르던 곳으로, 19세기 말 온천 료칸이 들어서면서 여행객들이 방문하기 시작했고, 1953년 일본에서 크게 히트한 라디오 드라마 〈너의 이름은君の名は〉의 무대로 등장하면서 많은 사람이 찾기도 했다. 못을 넣으면 2주 정도에 모두 녹아 없어질 정도로 산성이 강한 온천수는 혈액 순환과 피부 미용에 좋아 탕치유로 유명하다. 마을 뒤에는 노란색의 유황산硫黄山[이오잔]이 있고, 온천 강을 이용한 무료 족욕 시설도 잘 갖추어져 있다.

압도적인 규모를 자랑하는 일본 최대의 칼데라호

굿샤로 호수 屈斜路湖 [굿샤로코]

주소 川上郡弟子屈町 **맵코드** 638 148 559 **위치** JR 가와유온센(川湯温泉)역에서 굿샤로 버스 이용 시 약 40분(4~11월만 운행)

호수 둘레 57km, 면적 79.5km²로 일본에서 가장 큰 칼데라 호수며, 겨울에는 수면 전체가 얼고 500여 마리의 백조가 찾아와 굿샤로 호수만의 특별한 겨울 풍경을 연출한다. 요트와 서핑, 낚시 등의 수상 레포츠를 즐길 수 있으며, 호수를 바라보며 즐길 수 있는 무료 천연 온천 스나유가 있다. 온천은 남녀 혼탕이며 어디서나 보이는 곳에 있기 때문에 이곳에서 온천을 하고 싶다면 수영복을 준비하는 것이 좋다.

주소 斜里郡斜里町遠音別村 **위치 ①** JR 아바시리(網走)역에서 JR 시레토코샤리(知床斜里)역 하차 후 버스 환승 뒤 우토로까지 약 3시간(열차 840엔+버스 1,650엔) **②** JR 구시로(釧路)역에서 JR 시레토코샤리(知床斜里)역 하차 후 버스 환승 뒤 우토로까지 약 4시간(열차 2,810엔+버스 1,650엔)

아이누 어로 '대지의 끝'이라는 의미를 가진 시레토코에서는 우리가 상상하지 못할 자연 그대로의 모습을 발견할 수 있다. 유빙이 내려오는 북반구에서도 최남단에 위치해 있어 북반구와 남반구의 야생 동물이 혼생하고, 바다와 강, 숲이 일체된 독자적인 해양 및 육상 생태계를 형성하고 있다. 농업에 맞지 않은 토지와 극한의 날씨 등의 이유로 생활하기 어려워 사람들이 많이 살지 않지만, 그로 인해 자연을 훼손하지 않고 그대로 보존하게 되어 해양을 포함해서는 일본 최초로 유네스코 세계 자연 유산에 등록됐다. 원시적인 삼림과 해안 절벽, 초원과 호수가 어우러지고, 약 800여 종에 이르는 고산 식물들과 희귀 식물, 불곰이나 북방 여우, 독수리와 같은 멸종 위기의 동물이 서식하고 있는 시레토코. 잠시 들렀다 가기에는 너무나도 아쉬운 곳이니 최소 하루 정도 숙박하면서 관광선이나 트레킹, 드라이브 등 자연을 만끽하는 여행을 즐겨 보자.

원시적인 시레토코의 비경을 유람하는 투어

시레토코 관광선 오로라 知床観光船おーろら [시레토코 칸코-센 오-로라]

주소 斜里郡斜里町ウトロ東107番地 **맵코드** 894 854 404*38 **위치** 우토로온센 버스 터미널(ウトロ温泉バスターミナル)에서 도보 5분 **요금** 시레토코미사키 항로 : 6,500엔(어른), 3,250엔(초등학생)/ 이오잔 항로 : 3,100엔(어른), 1,550엔(초등학생) **홈페이지** www.ms-aurora.com/shiretoko/reserves **전화** 0152-24-2147

육로로는 볼 수 없는 시레토코의 비경을 바라보며 유람하는 크루즈 투어. 기암 절벽이나 폭포와 같은 장대한 풍경과 연어를 쫓는 곰, 떼 지어 헤엄치는 돌고래, 흰꼬리 독수리 등 생동감 넘치는 시레토코를 가까이에서 체험할 수 있다. 겨울 시즌인 2~3월경에는 유빙 크루즈도 운항한다. 가격대는 1시간에 약 4,000엔부터 시작하며 프로그램, 소요 시간마다 가격이 다르다.

석양이 아름다운 항구, 온천지

우토로 온천 ウトロ温泉 [우토로 온센]

주소 斜里郡斜里町ウトロ東 **맵코드** 894 854 471*28 **위치** JR 시레토코샤리(知床斜里)역에서 버스 이용(약 40분)

시레토코 반도 서쪽 항구에 위치한 우토로 온천은 오호츠크 해에 지는 석양이 아름다운 곳으로 시레토코 온천이라고도 불린다. 나트륨 염화물천, 탄산 수소 염천의 수질 온천은 신경통이나 근육통에 효과가 좋아 시레토코 관광 후 피로를 풀어 주기에 제격이다. 하지만 호텔식 대형 온천 료칸이 3~4곳 정도 되고 온천가다운 모습은 없으니 기대하지 말자. 식사가 포함된 곳에서 숙박하면 오호츠크 해의 신선한 해산물이 주를 이루는 요리를 즐길 수 있다.

시레토코 관광의 최신 정보를 제공하는 곳

시레토코 자연 센터 知床自然センター [시레토코 시젠센타-]

주소 斜里郡斜里町大字遠音別村字岩宇別531番地　**맵코드** 757 603 550*61　**위치** 우토로 버스 터미널에서 버스로 약 15분　**시간** 8:00~17:30(4월 20일~10월 20일), 9:00~16:00(10월 21일~4월 19일)　**홈페이지** center.shiretoko.or.jp　**전화** 0152-24-2114

시레토코 자연에 대한 정보와 등산, 트레킹, 자연 관찰 등 관광에 필요한 최신 교통 정보, 날씨 정보, 곰 출몰로 인한 통제 지역 등 다양한 정보를 수집할 수 있다. 푸드 코너에서는 사슴고기 버거, 사슴고기 커틀릿 등 현지 식자재를 쓴 음식을 판매하지만 그 맛은 보장할 수 없다. 대형 스크린으로 시레토코의 사계를 주제로 유료 상

연도 실시하고 곰 퇴치 스프레이, 망원경, 장화 등을 대여하는 서비스도 있다.

절벽에서 흐르는 처녀의 눈물

후레페의 폭포 フレペの滝 [후레페노타키]

주소 斜里町遠音別村　**위치** 시레토코 자연 센터에서 도보 15분

시레토코 자연 센터 왼편 뒷길로 이어지는 산책로를 따라 약 15분 정도 걸어가면 만날 수 있는 폭포다. 100m 정도 높이의 절벽 사이로 조금씩 흘러내리는 지하수의 모습이 마치 처녀의

눈물과 같다 해서 '오토메노 나미다乙女の涙'라는 별명을 가지고 있다. 운이 좋으면 산책로에서 홋카이도의 야생 사슴 에조 사슴을 만날 수도 있고 가슴까지 탁 트이는 바다 풍경과 마주할 수도 있다.

원생림에 둘러싸인 5개의 호수

시레토코 5호 知床五湖 [시레토코 고코]

주소 斜里郡斜里町遠音別村 **맵코드** 757 730 727 **위치** 시레토코 자연 센터에서 버스로 10분 **시간** 7:30~18:00(4월 말~8월), 7:30~17:00(9월), 7:30~16:00(10월), 7:30~15:00(11월) **홈페이지** www.goko.go.jp

연간 50만 명의 관광객이 방문하는 시레토코의 필수 관광지로, 파란 하늘과 시레토코 연산, 주변의 수림을 반영하는 아름다운 5개의 호수를 산책하며 감상할 수 있다. 원생림에 둘러싸인 비경의 호수를 둘러보는 방법에는 고가목도와 지상 산책길 두 가지가 있는데, 지상 산책길은 곰이 출몰하는 시즌에는 프로 가이드와 함께하는 유료 프로그램으로만 참여해야 하거나 입장 확정을 위한 수속이 필요할 수도 있으니 출발 전에 체크하자.

2호

3호

5호

🌸 스페셜 가이드 시레토코 5호

🔘 고가목도 高架木道 [고-카모쿠도-]

개원~폐원 4월 말~11월 말 **길이 및 소요 시간** 왕복 1.6km, 약 40분 **요금** 무료 **개방 시간** 홈페이지에 매일 업데이트

시레토코 5호의 휴게 시설인 파크 서비스 센터 왼쪽에서 출발하는 산책로로 높이 2~4m의 우드 데크로 이어져 있다. 연산 전망대, 오코츠크 전망대를 지나 호반 전망대가 있는 곳까지 800m 길이로, 5개의 호수 중 1호만 볼 수 있는 코스다. 코스 끝까지 왕복 소요 시간은 약 40분 정도로 부담 없이 산책을 즐길 수 있으며 안전을 위해 7,000V의 전기 울타리를 설치해서 곰의 출몰 시기에 영향을 받지 않고 무료로 이용할 수 있다.

🔘 지상 산책길 地上遊歩道 [치죠-유-호도-]

개원~폐원 4월 말~11월 말 **길이 및 소요 시간** 방문 시기와 산책 종류에 따라 다름 **요금** 산책 종류에 따라 다름 **개방 시간** 홈페이지에 매일 업데이트

시레토코 5호를 모두 돌아볼 수 있는 산책길로 1호와 2호를 둘러보는 짧은 코스와 5개 호수를 전부 둘러보는 긴 코스의 2개 코스가 있다. 소요 시간은 각각 기본 40분, 1시간 30분으로 시즌에 따라 이용 방법과 요금이 달라진다.

❶ **봄·여름 식물 보호 기간** (개원~5월 9일, 8월 1일~10월 20일)
소요 시간 강의를 듣고 자유롭게 산책 **요금** 250엔(산책길 입구 필드 하우스에서 접수)

❷ **불곰 활동기** (5월 10일~7월 31일)
소요 시간 프로 가이드와 함께하는 투어 프로그램으로만 이용 가능(기본 소요 시간의 2배가 걸림) **요금** 4,000~5,000엔(긴 코스), 2,500엔(짧은 코스) **예약** 홈페이지에서 사전 예약(짧은 코스는 별도의 예약 없이 선착순으로 하루 4회 진행)

❸ **자유 이용 기간** (10월 21일~폐원)
별도의 예약이나 접수 없이 고가목도처럼 무료로 자유롭게 이용 가능

 왓카나이 稚内

위치 삿포로에서 특급 열차로 약 5시간

북위 45.4, 일본에서 가장 북쪽에 있는 왓카나이. 러시아까지 불과 43km로 오래전부터 러시아와 교류가 많아 도로 표지판에 러시아어가 함께 써 있는 독특한 광경을 확인할 수 있다. 위도는 높지만 바다에 둘러싸여 있어 1월 평균 기온이 영하 5도 정도로 홋카이도의 다른 지역에 비해 따뜻한 편이고, 역대 최저 기온도 영하 19도로 서울의 최저 기온보다 높다. 일본 국토 최북단이라는 의미가 있어 여행객들이 꾸준히 찾고 있다.

일본 최북단의 기념비

땅의 비 地の碑 [치노히]

주소 稚内市宗谷岬 **맵코드** 998 067 445*67 **위치** JR 왓카나이(稚内)역에서 버스로 50분(편도 1,390엔, 왕복 2,780엔)

일본 최북단의 도시 왓카나이에서 가장 북쪽에 있는 소야곶宗谷岬[소야미사키]. 북위 45도 31분 22초의 일본 최북단을 상징하는 기념비로, 북극성을 모티브로 기념비 가운데는 북쪽을 나타내는 'N'을 표시했고, 받침대의 원형은 평화와 협조를 의미한다. 참고로 일본 최북단 열차 역 왓카나이稚内역은 북위 45도 25분 3초에 위치해 있으며, 삿포로역에서 396.2km, 일본 최남단 열차 역인 니시오야

마西大山역에서는 3,095km 떨어져 있다.

왓카나이의 상징적 이미지

북방파제돔 北防波堤ドーム [키타보-하테이도-무]

주소 稚内市開運 **맵코드** 964 007 098*04 **위치** JR 왓카나이(稚内)역에서 도보 5분

고대 로마 건축물과 비슷한 독특한 모습의 방파제로 파도를 동반한 강풍을 막기 위해 만들어졌다. 1930년대 이곳까지 열차 노선이 연장되면서 열차를 보호하기 위해 만들어졌으며 높이 13.6m, 천장 427m의 반아치형 돔은 70여 개의 기둥이 있는 독특한 모습으로 각종 CF

와 TV드라마 등을 통해 소개돼 왓카나이의 상징적 이미지가 됐다.

Hokkaido

추천 숙소 9

🏨 숙박의 종류

여행 중에 쌓인 피로를 풀고, 다음 날 일정을 충분히 소화하기 위해서는 숙소 선택이 중요하다. 따라서 호텔이나 게스트 하우스 같은 숙소를 선택할 때 가장 중요한 포인트는 '주요 역에서 가까운 거리'인지 '가고자 하는 관광 명소로 이동하기에 편리한 위치'인지를 따져야 한다. 고급 호텔이 아닌 작아도 깨끗한 비즈니스호텔을 찾는다면, 같은 가격대에서는 오픈한 지 오래되지 않은 호텔을 선택하는 것이 좋다. 깨끗한 침구나 욕실의 설비, 청결 상태는 물론이고 호텔에 따라서는 아이패드를 비치해 두거나 도킹 스테이션을 비치한 경우도 있기 때문이다. 또한 일본에만 있는 독특한 숙박 시설인 '료칸'은 뜨거운 온천에 몸을 담그고 입욕 후에는 전통 의상 유카타를 입고 일본식 코스 요리인 가이세키 요리를 천천히 즐기는 등 일본 문화를 체험해 볼 수 있는 곳으로, 단순한 숙박의 의미를 넘어 하나의 관광 목적으로 우선순위에 두어도 좋다. 료칸을 선택하는 기준은 음식, 노천탕, 풍경, 온천 수질 등 개개인이 모두 다를 수 있는데, 처음 가는 사람이라면 구글이나 료칸 예약 사이트의 전체적인 평점을 보고 선택하는 것이 무난하다. 지역별로 다른 특색의 호텔이나 게스트 하우스, 료칸을 다양하게 살펴보고 여행 동선 그리고 예산에 맞게 선택해 보자.

💲 숙소 예약 Tip

❶ 홋카이도는 시즌의 영향을 많이 받는 지역으로, 비수기와 성수기 요금 차이가 심하게는 2배 이상 뛸 정도로 매우 크고, 객실이나 렌터카 예약마저 빠르게 마감되기 때문에 성수기에 여행하려면 발 빠른 준비가 필요하다.

성수기	7월 15일~8월 15일, 삿포로 눈 축제 기간(2월 1일~약 10일간)
준성수기	6월 1일~7월 14일, 8월 16일~9월 30일

❷ 홋카이도는 전국적으로 유명한 온천지가 여러 곳이 있기 때문에 일정 중 하루 정도는 온천 마을에서 료칸 숙박을 체험해 보는 것이 좋다. 노보리베쓰, 도야, 조잔케이(삿포로 근교), 유노카와(하코다테), 아사리가와(오타루) 온천지의 추천 료칸은 각 지역 여행에서 다루고 있으니 참고하자.

삿포로는 삿포로역에서 스스키노역까지 일직선으로 이어지는 중심 도로를 기준으로 양옆에 위치한 호텔들이 동선상 편리한 곳들이다. 특히 도로의 중간 지점인 오도리 공원 주변으로 숙소를 선택하면 양측 모두를 오가는 데 심리적으로나 체력적으로 부담 없고 시간을 단축시킬 수 있다.

JR 타워 호텔 닛코 삿포로

JRタワーホテル日航札幌 [제이아-루 타와- 호테루 닛코- 삿포로]

주소 札幌市中央区北5条西2丁目5番地 **위치** JR 삿포로(札幌)역에서 연결. 동쪽 개찰구, 남쪽 출구에서 도보 3분 **가격** 30,000엔~(룸당) **홈페이지** www.jrhotels.co.jp/tower **전화** 011-251-2222

JR 삿포로역과 연결돼 있어 접근성이 좋은 호텔로, 삿포로 시내 호텔 중 가장 가격이 높다. 객실이 23층부터 시작하기 때문에 전망이 좋고, 홋카이도의 재료를 듬뿍 사용한 조식이 맛있기로 유명하다. 뷔페나 일정식 레스토랑 모두 35층에 위치해서 한층 더 시원한 뷰를 즐기며 식사할 수 있고 유료이지만 천연 온천을 즐길 수 있는 스파 시설도 갖추고 있다.

삿포로 그랜드 호텔 札幌グランドホテル [삿포로 구란도 호테루]

주소 札幌市中央区北1条西4丁目 **위치** JR 삿포로(札幌)역에서 도보 7분 **가격** 12,000엔~(룸당) **홈페이지** www.grand1934.com **전화** 011-261-3311

홋카이도 최초의 정통 서양식 호텔로 1934년에 오픈했다. 오래된 호텔 이미지와는 다르게 호텔 전체를 리뉴얼해 쾌적하게 머물 수 있다. 특히 오도리 공원 근처에 있어 호텔에서 삿포로역과 스스키노까지 지하도로 연결돼 있어 삿포로 관광에 뛰어난 위치를 자랑한다. 가장 작은 객실도 20m² 이상으로 일본의 호텔들치고는 공간이 넓은 편이다.

더 스테이 삿포로 THE STAY SAPPORO [자 스테이 삿포로]

주소 札幌市中央区南5条西9丁目1008-10 **위치** 지하철 스스키노(すすきの)역에서 도보 8분 **가격** 2,300엔 ~(도미토리) **홈페이지** thestaysapporo.com **전화** 011-252-7401

스스키노에 위치한 게스트 하우스로, 작은 디자인 호텔처럼 깔끔하고 심플해 인기가 좋다. 객실은 2, 5, 6인실이 있어 가족 단위 여행객에게도 좋고, 7~8인실, 다인실, 도미토리형 객실도 있다. 샴푸나 린스, 보디워시 등은 무료지만 수건과 칫솔 치약 세트는 100엔에 판매하고 있다.

운하의 도시 오타루는 사실 반나절이면 대부분을 둘러볼 수 있고 전체를 천천히 둘러본다면 하루만 투자해도 충분하다. 그러나 운하가 보이는 호텔에서 휴식을 취하고 싶거나, 오전부터 3~4시까지 관광을 마치고 료칸에서 온천과 료칸 자체를 충분히 즐기고 싶을 때, 또는 매년 2월에 개최하는 눈빛 축제를 늦은 밤까지를 즐기고 쉬어 가고 싶을 때 오타루에서 숙박하면 좋다.

긴린소 銀鱗荘 [긴린소-]

주소 小樽市桜1丁目1番地 **위치 ①** JR 오타루칫코 (小樽築港)역에서 차로 약 4분(송영 서비스 있음) **②** JR 오타루(小樽)역에서 차로 약 10분 **가격** 34,710 엔~(1인당) **홈페이지** www.ginrinsou.com **전화** 0134-54-7010

홋카이도 문화재 100선에 선정된 만큼 140년의 역사와 전통을 자랑하는 고급 료칸이다. 오타루 운하에서 차로 약 10분 거리의 고지대에 위치해 푸른 바다와 오타루 시내를 바라보는 절경 노천 온천이 큰 특징이다. 일본 전통 료칸의 오모테나시(おもてなし, 마음에서 우러나는 극진한 대접)를 제대로 경험할 수 있다.

호텔 노드 오타루 ホテルノルド小樽 [호텔 노르도 오타루]　

주소 小樽市色内1丁目4番16号 위치 JR 오타루(小樽)역에서 도보 7분 가격 15,000엔~(룸당) 홈페이지 www.hotelnord.co.jp 전화 0134-24-0500

오타루 운하 바로 앞에 위치한 오타루의 상징
적인 호텔로, 검은 돔형 지붕이 인상적이다.
특히 운하가 보이는 전망 객실이 인기가 좋지

만 그런 만큼 가격이 높다. 1층 내부에는 작은
분수가 있는 유럽 분위기의 휴식처가 있다.

더 오타루나이 백팩커스 호스텔 모리노키 | The Otarunai Back packers'
Hostel Morinoki [더 오타루나이 백팩커스 호스테루 모리노키]　

주소 小樽市相生町4-15 위치 ❶ JR 오타루(小樽)역에서 도보 18분(택시 이용 시 약 550엔), ❷ JR 미나미오타
루(南小樽)역에서 도보 8분 요금 2,800엔~(도미토리) 홈페이지 morinoki.infotaru.net 전화 0134-23-
2175

JR 오타루역에서 조금 떨어져 있지만 독특한
개성과 아늑한 느낌이 묘하게 어울리는 분위
기로, 1인 여행객들에게 인기가 좋다. 개별실
은 없고 모든 객실이 도미토리 스타일이다. 공
용 공간에는 만화책이 가득하고 호스트가 강
아지 세 마리와 고양이 한 마리를 키우고 있다.

넓은 들판과 끝없는 화원이 펼쳐진 후라노·비에이 지역은 고급 리조트와 호텔, 게스트 하우스, 펜션 등의 숙박 시설이 있다. 하지만 7~8월 성수기에 홋카이도에서 숙박비가 가장 크게 오르는 지역이고 그나마도 미리 예약하지 않으면 숙박이 어려울 수 있다. 두 지역은 차로 30분 거리로 렌트를 했다면 어느 곳에 숙소를 잡아도 크게 상관없다.

후라노 호텔 フラノ寶亭留 [후라노 호테루]

주소 富良野市学田三区 맵코드 450 059 371*82 위치 JR 후라노(富良野)역에서 차로 약 10분 가격 24,500엔~(1인당) 홈페이지 www.jyozankei-daiichi.co.jp/furano 전화 0167-23-8111

전망 좋은 방에서 조용하고 여유로운 휴식을 취할 수 있는 고급 숙박 시설이다. 저녁 식사와 아침 식사가 숙박비에 포함돼 있고 온천 시설까지 갖춘 것은 료칸과 닮아 있으나 객실 타입이나 제대로 된 프렌치 코스를 제공한다는 점에서 리조트 호텔이라 할 수 있다. 여름에 호텔앞 정원 가득한 라벤더가 특히 아름답다.

후라노 내추럭스 호텔 FURANO NATULUX HOTEL [후라노 나츄라쿠스 호테루]

주소 富良野市朝日町1-35 **맵코드** 349 032 368*08 **위치** JR 후라노(富良野)역에서 도보 1분 **가격** 13,600엔~(룸당) **홈페이지** www.natulux.com **전화** 0167-22-1777

JR 후라노역 바로 앞에 위치한 디자인 호텔이다. 호텔 안은 아로마 향기가 은은하게 퍼지고 군더더기 없이 깔끔한 인테리어가 돋보이며 대욕장과 암반욕 시설도 갖추고 있어 여행의 피로를 풀기에 좋다. 일반 객실 외에도 부엌이 있는 2개의 별장이 있어 가족 여행이나 장기 체류 시 이용하기에 좋다. 사계절 모두 인기가 좋아 예약을 서둘러야 한다.

고료 게스트 하우스 ゴリョウゲストハウス [고료- 게스토하우스]

주소 富良野市上御料 **맵코드** 550 750 731 **위치** JR 후라노(富良野)역에서 차로 10분(4~11월 하절기 하루 1편 송영 서비스 한정 운영) **가격** 2,500엔(도미토리) **홈페이지** www.goryo.info/guesthouse **전화** 0167-23-5139

대중교통으로는 찾아가기 어려운 곳에 위치했지만 유럽 어느 시골 농가의 집처럼 조용하고 운치 있는 시간을 보낼 수 있는 게스트 하우스다. 오래된 민가로 지어진 건물 안에는 개별실은 없고 여성 전용 도미토리와 남녀 혼합 도미토리 두 종류의 객실이 있고, 옆에는 카페도 운영하고 있다. 초등학생 이하의 어린이는 이용할 수 없다.

도동·도북 지역은 홋카이도 자유 여행에 있어서 가장 난이도가 높은 지역이기 때문인지, 숙박 시설도 성수기의 영향을 가장 덜 받는다. 렌터카로 하루 동안 이동하는 거리가 멀고 자주 호텔을 옮겨 다녀야 하기 때문에 이동 시간과 동선을 충분히 고려해서 숙소로 잡을 지역을 선정하는 것이 중요하다.

라 비스타 구시로가와   ラビスタ釧路川 [라비스타 쿠시로가와]

주소 釧路市北大通2-1 **맵코드** 149 226 532*57 **위치** JR 구시로(釧路)역에서 도보 9분 **가격** 11,000엔~(룸당) **홈페이지** www.hotespa.net/hotels/kushirogawa **전화** 0154-31-5489

구시로강 앞에 위치한 호텔로, 시내 측이나 강측 모두 전망이 좋은 편이다. 도미 인 체인답게 호텔 내에 온천 및 사우나 시설을 갖추고 있다.

호텔 맞은편에는 쇼핑몰 피셔맨즈 워프 무가 있고 와쇼 시장和商市場, 구시로역까지도 도보로 이동할 수 있어 구시로 관광에 편리하다.

아칸코 쓰루가 윙스   あかん湖鶴雅ウイングス [아칸코 츠루가 우잉구스]

주소 釧路市阿寒町阿寒湖温泉4丁目6番10号 **맵코드** 39 341 734*25 **위치** JR 구시로(釧路)역에서 차로 1시간 30분(4~10월 삿포로, 구시로, 오비히로에서 유료 송영 한정 운행) **가격** 12,000엔~(1인당) **홈페이지** www.tsurugawings.com **전화** 0154-67-4000

아칸과 도동 지역의 호텔&료칸 체인 그룹 '쓰루가 그룹'에서 운영하는 리조트형 료칸으로, 아칸 호수 바로 앞에 위치해 전망이 좋고 뛰어난 온천 수질이 특징이다. 건물 내 대욕장에는 노천 온천

이 없지만 1층에서 연결된 옆 건물이자 자매료칸 '쓰루가'의 노천 온천도 자유롭게 이용할 수 있다.

시레토코 그랜드 호텔 기타코부시
知床グランドホテル北こぶし [시레토코 구란도 호테루 키타코부시]

주소 斜里郡斜里町ウトロ東172番地 **맵코드** 894 854 356*61 **위치** JR 시레토코샤리(知床斜里)역에서 차로 약 30분(동절기는 역에서 송영 서비스 한정 운행) **가격** 13,000엔~(1인당) **홈페이지** www.shiretoko.co.jp **전화** 0152-24-2021

우토로 온천에 위치한 리조트형 료칸이다. 오호츠크 해를 바라보는 전망 온천과 노천탕은 여름과 겨울 어느 때 방문해도 멋진 전망을 즐길 수 있다. 1960년에 오픈한 전통 있는 호텔이지만 세월이 느껴지지 않을 정도로 깨끗하게 잘 관리돼 있다. 시레토코에서 가장 평점이 좋은 료칸이다.

도미 인 아바시리 ドーミーイン網走 [도-미-인 아바시리]

주소 網走市南2条西3丁目1番地の1 **맵코드** 305 677 303*72 **위치** JR 아바시리(網走)역에서 도보 10분 **가격** 6,300엔~(룸당) **홈페이지** www.hotespa.net/hotels/abashiri **전화** 0152-45-5489

JR 아바시리역이나 아바시리 쇄빙선 선착장까지 도보 10분 거리에 위치한 저렴한 호텔이다. 도미 인 호텔 체인은 모두 비즈니스호텔인데도 온천 시설을 갖추고 있는 것이 특징이다.

특히 메만베쓰 공항을 이용한다면 차로 30분 거리이기 때문에 마지막 날 숙박하기에 편리하다.

Hokkaido

트래블 팁 ^{홋카이도}

✈ 홋카이도 여행 정보

해외여행의 필수품, 여권

여권은 우리나라 국민이 국외로 나가기 위해서 있어야 하는 출입국 증빙 서류며, 외국에서 신분증으로 이용할 수 있다. 여권이 없으면 어떠한 경우에도 출국할 수 없으며, 여권을 분실하거나 소실했을 경우에는 명의인이 신고해 재발급받아야 한다. 여권은 예외적인 경우(의전상 필요한 경우, 질병·장애의 경우, 18세 미만의 미성년자)를 제외하고는 본인이 직접 방문해서 신청해야 한다. 여권 발급에 소요되는 시간은 신청하는 곳에 따라 다르지만 대부분 업무일 기준 4일 정도며 필요한 서류 및 발급 장소는 외교부 여권과 홈페이지를 통해 확인하자.

외교부 여권과
업무 시간 9:00~12:00, 13:00~18:00(토, 일, 공휴일 휴무)
전화 02-733-2114
홈페이지 www.passport.go.kr

✅ **Check Point 1** 영문 이름 표기

여권의 영문 이름 표기와 항공권의 영문 이름 표기는 동일해야 한다. 철자가 다를 경우(ex. 여권에는 Jung, 항공권에는 Chung) 구입한 항공권을 아예 이용하지 못하거나, 철자 수정을 위한 추가 비용이 발생할 수 있다.

✅ **Check Point 2** 단수 여권 및 복수 여권

여권은 크게 1회만 이용할 수 있는 단수 여권과 유효 기간 내에 횟수에 상관없이 이용할 수 있는 복수 여권으로 구분할 수 있다. 여권 번호가 'S'로 시작되면 단수 여권이며, 한 번 사용했으면 유효 기간이 남아 있어도 이용할 수 없으니 주의하자. 복수 여권은 여권 번호가 'M'으로 시작된다.

✅ **Check Point 3** 여권 유효 기간

일본의 외교성務省이 공시하는 자료에 의하면 "일본을 방문하는 외국인은 기간이 만료되지 않은 유효한 여권을 소지해야 한다."고 한다. 즉, 여권 유효 기간(만료일)이 하루만 남아 있어도 일본 입국은 가능하지만, 귀국할 때 문제가 되기 때문에 우리나라에서 출국 자체를 금지할 수 있다. 여행사 및 항공사에서는 최소 1개월 이상 남은 여권을 사용하길 추천한다.

✅ **Check Point 4** 비자(Visa)

여권이 우리나라에서 출국을 허가하는 서류라면, 비자는 외국에서 입국을 허가하는 서류다. 우리나라와 일본은 상호 무비자 협정이 있기 때문에 90일 이내의 여행은 따로 비자를 준비할 필요가 없다.

항공권 예약

대한항공과 아시아나항공같이 오랫동안 일본 노선을 운항하던 항공사(Full Service Carrier)에 이어 최근 저비용 항공사(Low Cost Carrier)의 일본 노선 취항이 늘어나면서 항공권을 준비하는 데 선택의 폭이 넓어졌다. 하지만 그만큼 비교해야 할 것이 많아지기도 했다. 아래의 사항들을 읽어 보면 항공권을 준비하는 데 도움이 된다.

☑ Check Point 1 출발일에 따라 다른 요금

여행사를 통한 항공권 구입은 출발일로부터 330일 이전부터 구입할 수 있으며, 항공사 홈페이지를 이용하면 항공사에 따라 330~361일 전부터 구입할 수 있다. 항공권은 예약 현황에 따라 할인율이 다르게 적용되기 때문에 출발일에 따라 항공 요금이 다르다. 우리나라 여행 수요가 많은 설, 추석, 7월 말부터 8월 초, 일본 여행 수요가 많은 12월 말부터 1월 초, 4월 말부터 5월 초(골든위크)는 항공 요금이 가장 비싼 시기다. 금요일 출발편, 일요일 귀국편은 수요가 적은 평일 출도착에 비해 비싼 경우가 대부분이다.

☑ Check Point 2 예약 시기에 따라 다른 요금

주말 여행, 연휴 기간의 항공권은 6개월 이상 전부터 항공편을 알아보는 것이 좋다. 이 기간에는 조기 예약 특가가 나오는 시기다. 또한 출발 1~2개월 전에는 부진일 특가가 나오기도 하며, 경우에 따라서는 6개월전 특가보다 저렴할 수도 있다. 하지만 언제 예약하는 것이 가장 저렴한지는 여행사 직원, 항공사 직원도 알 수 없다.

☑ Check Point 3 저비용 항공사(LCC)

일본 여행은 비행 시간이 짧기 때문에 저비용 항공을 이용하는 데 부담이 없다. 단, 대부분의 저비용 항공사는 무료 허용 수하물이 15kg이라는 점을 주의해야 한다. 쇼핑을 많이 해서 귀국할 때 수하물 초과 비용을 내면 저비용 항공사를 이용하는 게 오히려 더 비싼 경우도 있다. 초과 수하물 비용은 항공사별로 다르며, 진에어 7천 원(700엔)/1kg, 티웨이항공 9천 원(900엔)/1kg 등이다.

☑ Check Point 4 하드 블록(Hard Block) 항공권

여행 수요가 집중되는 연휴, 7월 말과 8월 초는 여행사에서 항공사에 항공 요금을 미리 지불하고 항공 좌석을 미리 구입한다. 여행사가 판매하지 못하더라도 항공사에서 환불을 해 주지 않는 조건이며, 이러한 항공권을 하드 블록 항공권이라 한다. 여행객들에게도 환불 불가 조건으로 판매하지만, 여행객 입장에서는 개별적으로 항공권을 구입하는 것보다 저렴하다는 장점이 있다. 여행사에 따라 하드 블록뿐 아니라 단체 항공권을 개별 여행객에게 판매하기도 한다.

항공권 판매 여행사

온라인투어 www.onlinetour.co.kr
인터파크 tour.interpark.co.kr
하나투어 www.hanatour.com
현대카드 PRIVIA 여행 www.priviatravel.com

항공권 가격 비교 사이트

카약 www.kayak.com
스카이스캐너 www.skyscanner.co.kr

저비용 항공사

이스타항공 www.eastarjet.com
진에어 www.jinair.com
제주항공 www.jejuair.net
티웨이항공 www.twayair.com
에어부산 www.airbusan.com

숙소 예약

일본을 방문하는 관광객이 2013년 1,000만
명을 넘은 데에 이어, 2016년에는 2,400
만 명으로 급증하면서 호텔 예약이 쉽지 않
아졌다. 특히 주말과 일본의 연휴, 연예인
콘서트, 스포츠 경기 등의 행사가 있을 때
는 호텔 구하기가 하늘의 별따기와 같을 수
있다. 항공권 결제하기 전에 반드시 호텔도
함께 알아보고 결제를 하고, 여행을 진행하는 것
이 좋다. 호텔이 없는 경우 도미토리(다인실) 객실의 호스텔, 숙박 공유

사이트인 에어비앤비 등을 이용하는 것도 좋은 방법이다. 일본의 전통 숙소인 료칸을 예약할 때는 가까운 역까지의 송영 서비스 여부와 가이세키 요리로 제공되는 저녁 식사가 포함돼 있는지 확인하는 것이 필수다. 또한 대부분의 료칸은 식사가 포함돼 있기 때문에 숙박 인원, 아이가 동반할 경우 연령 등을 정확히 알려야 한다. 료칸의 경우 일반 호텔과 달리 취소 수수료 규정이 까다로운 경우가 있으니 주의하자.

호텔 예약 사이트
익스피디아 www.expedia.com
호텔스닷컴 www.hotels.com
부킹닷컴 www.booking.com
에어비앤비 www.airbnb.com
온라인투어 www.onlinetour.co.kr/web/hotel
호텔패스 www.hotelpass.com

환전 및 신용 카드 이용

의외로 일본은 신용 카드 사용이 안 되는 곳이 많다. 편의점과 슈퍼마켓, 쇼핑센터에서는 대부분 신용 카드를 사용할 수 있지만, 자판기에서 쿠폰을 구입한 후 음식을 주문하는 라멘집, 덮밥집 등 음식점에서는 신용 카드 사용이 제한적이다. 여행 경비의 50% 이상은 현금으로 준비하는 것이 좋으며, 현금이 부족한 경우 일본의 우체국, 세븐일레븐 편의점의 ATM에서 신용 카드 현금 서비스를 이용할 수 있다. 공항의 환전 수수료가 가장 비싸기 때문에 환전하는 금액이 많을 경우는 시내의 은행에서 하는 것이 좋다. 여행사, 면세점 등에서 제공하는 환전 우대 쿠폰을 사용할 수도 있으며, 서울역에 있는 기업은행과 우리은행 환전 센터는 우대 쿠폰 없이도 환전 수수료를 90% 할인하고 있어 저렴하게 환전할 수 있다. 기업은행은 최대 100만 원, 우리은행은 500만 원까지 환전이 가능하며, 대기 시간이 1시간 이상인 경우도 있으니 공항 가면서 환전할 계획이라면 보다 여유 있게 이동하는 것이 좋다.

기업은행 서울역 환전 센터
시간 7:00~21:00(연중무휴)
전화 02-3147-2581
위치 서울역 1층, 공항 철도 탑승구 입구

우리은행 서울역 환전 센터
시간 6:00~22:00(연중무휴)
전화 02-362-8399
위치 서울역 지하 2층, 공항 철도 에스컬레이터 좌측

여행자 보험	여행자 보험은 여행 시 발생한 사고에 대해 보상을 받기 위한 최소한의 조치다. 여행사의 여행 상품을 이용하는 경우 포함돼 있는 경우가 많지만, 항공권과 숙소를 개별적으로 예약하는 경우는 별도로 가입을 해야 한다. 1주일 이내의 여행이라면 1만 원 미만의 보험료로 최대 5천만 원에서 1억 원까지 보상을 받을 수 있으며, 보험비는 연령에 따라 조금씩 차이가 있다. 또한 보험사에 따라 고연령자는 여행자 보험 가입이 안 되거나, 비용이 2~3배 이상 차이가 날 수 있다. 현지에서 병원을 이용하거나 소지품을 도난당하는 사고가 발생할 경우, 보험사에 연락해서 필요한 서류를 확인 후 발급해 와야 하며, 도난이 아닌 단순 분실의 경우는 여행자 보험의 보상 대상이 아니다. 소지품 도난의 경우도 소지품 1건당 최대 보험액이 정해져 있으며, 현금은 보험 대상이 아니다. 여행자 보험은 인천국제공항에서 가입할 수도 있지만, 미리 가입하는 것에 비해 20~30% 보험료가 비싼 편이다.
긴급 상황	여행 중 여권을 분실하거나 긴급한 상황이 발생했을 경우는 영사콜센터 (+82-2-3210-0404)로 연락을 하자. 일본 도착 시 자동 로밍으로 위의 번호가 안내되기도 하니 저장을 해 두는 것이 좋으며, 현지의 테러나 자연재해 등에 대한 안내 문자를 발송한다. 영사콜센터 외에 홋카이도의 삿포로에는 대한민국 영사관이 있기 때문에 직접 방문을 할 수도 있다.

대한민국 영사관
주소 北海道札幌市中央区北2条西12丁目1-4
위치 지하철 니시주잇초메(西11丁目)역에서 도보 5분
전화 011-218-0288
여권 분실 및 사건·사고 등 긴급 연락처 080-1971-0288
E-Mail sapporo@mofa.go.kr

✈ 홋카이도로 가는 항공편

신치토세 공항

서울(인천 ICN)과 부산(김해 PUS)에서 신치토세 공항(CTS)까지는 약 3시간이 소요되며, 대한항공, 아시아나항공을 비롯해 대부분의 저비용 항공사가 취항하고 있다. 일부 항공사를 제외하고는 요일별로 취항 시간이 다르고, 시기에 따라 운행 스케줄이 변동되는 경우가 많기 때문에, 항공사 또는 할인 항공권 판매 사이트를 통해 스케줄을 조회하는 것이 좋다.

삿포로행 항공권 구입하기 Tip

• 삿포로에서의 귀국 시간이 대부분 오후이기 때문에 마지막 날에는 할 수 있는 것이 많지 않다. 따라서 2박 3일의 경우 실제 여행 시간은 하루 반나절 정도밖에 안 되기 때문에 홋카이도 여행은 2박 3일보다는 3박 4일 이상의 일정을 잡는 것을 추천한다.

• 7월 15일부터 8월 20일, 12월 20일부터 1월 10일, 2월 첫째 주에 여행을 계획한다면 3~4개월 전에 항공권을 구입해도 늦을 수 있다. 일정이 정해졌다면 우선 예약을 해 두자. 항공권만 구입하고 취소하는 경우 취소 수수료는 5~7만 원 정도다.

• 상기 이외의 기간은 일요일 귀국 편을 제외하면 1개월 전 발표되는 특가 요금을 확인하고 예약하는 것이 가장 저렴하게 항공권을 구입하는 방법이다.

**아사히카와·
하코다테·메만베쓰
공항**

삿포로 외에도 후라노에서 아사히카와, 하코다테, 메만베쓰 공항까지도 우리나라에서 직항 편이 있다. 단, 정기 편이 아니며 주로 여름 성수기에만 부정기 편이 취항한다. 항공사에서 부정기 편의 판매는 패키지 여행 수요를 위주로 판매하기 때문에 개별 여행객이 구입하기는 쉽지 않지만, 삿포로를 중심으로 여행을 한 경험이 있다면, 부정기 편을 이용해 지방 도시를 여행해 보는 것도 좋다.

경유 편 이용하기

장거리 노선인 유럽이나 미국이 아닌 단거리 노선 일본을 여행하면서 경유 편 비행기를 이용한다는 것이 어색하기는 하지만 경유 편을 이용하면 다음과 같은 장점이 있다.

1. 할인 요금으로 판매하지 않는 성수기 기간에는 경유 편을 이용하는 것이 저렴한 편이다.

2. 7월 말 8월 말과 연말연시, 눈 축제 기간에 직항 편은 대부분 패키지 여행객에게 좌석을 배분한다. 직항 편이 마감된 경우라도 경유 편은 좌석이 있는 경우가 많으며 가격도 저렴하다.

3. 김포 – 하네다 국제선 구간 이용 후 하네다에서 신치토세(삿포로), 하코다테, 구시로, 메만베쓰 등 홋카이도의 다양한 지역으로 이동할 수 있으며, 다시 도쿄로 돌아올 때 공항이 달라도 되기 때문에 여행 동선을 대폭 줄일 수 있다.

4. 홋카이도 여행에 도쿄, 오사카, 오키나와 등을 함께 여행할 수도 있다.

5. 도쿄에서 입국 심사를 하고 삿포로에 13시경에 도착하기 때문에 삿포로 시내 도착 시간은 직항 편을 이용하는 것보다 빠르다.

6. 국내선 청사에서 16시에 출발하는 비행기를 타고 도쿄를 경유해 들어오기 때문에 마지막 날 점심을 먹고 잠시 쇼핑을 한 후 공항으로 이동해도 된다(직항 편의 경우 마지막 날 일정이 아침 식사 후 공항으로 이동 외에는 없다).

도쿄 하네다 공항에서 홋카이도 신치토세(삿포로) 공항으로 일본항공과 전일본공수가 각각 하루 10~15편 운항하고 있으며, 하코다테, 메만베쓰(아바시리), 구시로 공항까지도 하루 2~3편 운항하고 있다. 이와 같은 항공 스케줄이 국제선과 연결되는 가장 좋은 스케줄이며, 도쿄에서 숙박을 한다면 보다 다양한 일정을 만들 수 있다.

🚉 홋카이도 교통 패스

열차 이동을 많이 하게 되는 홋카이도에서 JR 패스 이용은 필수적이다. 일본 전 지역에서 이용하는 JR 패스를 이용한다면 홋카이도와 함께 혼슈의 도쿄, 오사카 등 전국 일주를 할 수도 있다. 홋카이도만 여행하는 경우라면 JR 선에서 발매하는 홋카이도 레일 패스(Hokkaido Rail Pass)를 이용하는 것이 보다 효율적이다.

홋카이도 레일 패스
北海道レールパス,
Hokkaido Rail Pass

홋카이도 관광을 위해 방문하는 외국인 여행자를 위한 열차 패스로, 홋카이도 내의 모든 JR 노선(홋카이도 신칸센 제외)을 자유롭게 승하차할 수 있다. 단기 체재 관광 비자를 소지한 외국인만 이용할 수 있기 때문에 현지 유학생은 이용할 수 없다. 패스의 종류는 3일, 4일, 5일, 7일권이 있으며 연속 패스인 3일, 5일, 7일권과 달리 4일권은 패스 교환일부터 10일 이내에 원하는 날짜 중 4일을 선택해 이용할 수 있다.

패스 종류	열차 좌석 종류	대인요금	어린이 요금 (6~11세)
3-Day	보통차	16,500엔	8,250엔
Flexible 4-Day	보통차	22,000엔	11,000엔
5-Day	보통차	22,000엔	11,000엔
7-Day	보통차	24,000엔	12,000엔

사용 가능 범위
- JR 홋카이도의 모든 열차 노선의 자유석 및 지정석(단, 홋카이도 신칸센 이용 불가 / 도쿄에서 신칸센을 이용해 홋카이도로 이동할 예정이라면 JR 패스 7일권 구입)
- JR 홋카이도 버스(삿포로-아사히카와, 삿포로-몬베쓰, 삿포로-오비히로, 삿포로-기로로, 삿포로-에리모·히로오 및 부정기 노선 제외)

기타
- 우리나라에서 교환권 구입 후 홋카이도 도착 후 패스로 교환(교환권 구입 후 3개월 이내 패스 교환)
- 일본 도착 후 홋카이도 주요 역에서 구입 가능

삿포로-하코다테 구간을 왕복하는 일정, 구시로, 아바시리 등의 도동 지역을 다녀오는 일정이 아니라면 홋카이도 레일 패스의 본전 뽑기란 생각보다 어렵다. 만약 삿포로를 중심으로 오타루, 노보리베쓰, 후라노와 비에이만 다녀올 예정이라면 패스를 구입하지 않는 것이 좋다.

홋카이도 프리 패스

北海道フリーパス,
Hokkaido Round
Tour Pass

외국인 관광객뿐 아니라 일본에 거주 중인 유학생, 일본인들도 이용할 수 있는 패스다. 홋카이도 레일 패스에 비해 가격이 비싸고, 이용 조건이 좋지 않기 때문에 우리나라 여행객은 사용할 필요가 없지만, 현지 지인과 함께 열차 여행을 한다면 관광 비자로 입국한 여행객은 홋카이도 레일 패스를 구입하고, 그렇지 않은 현지인은 홋카이도 프리 패스를 구입하면 된다. 패스 유효 기간은 7일이며, 금액은 26,230엔이다.

사용 가능 범위

- JR 홋카이도의 특급 열차 보통차 지정석을 여섯 번까지 이용 가능(일반 열차는 7일간 무제한 이용 가능)
- JR 홋카이도 버스(삿포로-아사히카와, 삿포로-몬베쓰, 삿포로-오비히로, 삿포로-기로로, 삿포로-에리모·히로오 및 부정기 노선 제외)

기타

- 골든위크(4월 말부터 5월 초), 오봉 연휴(8월 중순), 연말연시(12월 말부터 1월 초)는 이용 불가
- 일본에서만 구입할 수 있으며, 홋카이도의 주요 역에서 구입 가능

왕복 할인 티켓

Rきっぷ, Sきっぷ

레일 패스 외에도 다양한 종류의 왕복 할인 티켓이 있다. 이용 노선에 따라 자유석, 지정석 중 선택할 수 있는 티켓이 있고, 정해진 좌석 등급만 왕복 할인을 하는 경우도 있다. 참고로, 지정석은 좌석 번호까지 예약하는 것이며, 자유석은 좌석 번호 없이 자유석 객차의 빈자리에 앉는 것이다.

	할인 전 왕복 (지정석)	왕복 할인(지정석) Rきっぷ	왕복 할인(자유석) Sきっぷ
삿포로 – 하코다테	17,660엔	15,220엔	14,190엔
삿포로 – 노보리베쓰	8,960엔	8,090엔	6,990엔
신치토세 공항 – 노보리베쓰	6,480엔	5,800엔	4,760엔
삿포로 – 도야	11,840엔	10,450엔	9,410엔
신치토세 공항 – 도야	9,900엔	8,770엔	7,730엔
삿포로 – 아사히카와(삿포로 출발만 가능)	8,580엔		5,080엔
삿포로 – 왓카나이(삿포로 출발만 가능)	20,900엔	13,580엔	
삿포로 – 아바시리(삿포로 출발만 가능)	19,820엔	16,870엔	
삿포로 – 구시로	18,740엔	16,860엔	15,820엔

후라노·비에이 프리패스
ふらの・びえいフリーきっぷ

왕복 할인 티켓에 프리 구간의 무제한 승차가 포함된 할인 티켓으로, 후라노와 비에이를 여행할 때 유용한 티켓이다. 삿포로에서 프리 구간까지의 특급 열차 자유석을 이용할 수 있으며, 프리 구간 내에서는 일반 열차를 이용할 수 있다. 삿포로에서 아사히카와까지 특급 열차를 이용하고, 아사히카와에서 비에이를 경유해 후라노까지 중간 정차를 하며 여행을 하고, 후라노에서 다키카와를 경유해 삿포로로 돌아오는 일정을 이 패스 한 장으로 이용할 수 있다.

유효 기간 및 금액
4일간 유효 / 6,500엔

사용 가능 범위
삿포로 – 프리 구간 특급 열차 왕복 1회 + 프리 구간 내 일반 열차 자유 승하차

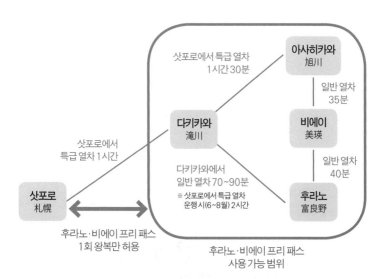

삿포로에서 특급 열차 1시간 30분

아사히카와 旭川

일반 열차 35분

다키카와 滝川

비에이 美瑛

일반 열차 40분

삿포로에서 특급 열차 1시간

다키카와에서 일반 열차 70~90분
※ 삿포로에서 특급 열차 운행시(6~8월) 2시간

후라노 富良野

삿포로 札幌

후라노·비에이 프리 패스 1회 왕복만 허용

후라노·비에이 프리 패스 사용 가능 범위

인천국제공항에서 출발

대한항공이나 아시아나항공의 직항 편을 이용하는 경우는 여객 터미널을 이용하며, 저비용 항공사는 대부분 탑승동을 이용한다. 여객 터미널에서 탑승동까지는 지하 셔틀 트레인을 이용해야 하기 때문에 조금 더 일찍 공항에 도착하는 것이 좋다. 대부분 항공사에서는 출발 1시간 전에 수속 마감을 하며, 이후에 도착한 경우는 당일 취소로 처리돼 비행기 탑승이 안 되는 것은 물론이고, 항공 요금도 환불이 안 되는 경우가 많다. 출발 2시간 전에는 공항에 도착하는 것이 좋으며, 주말과 연휴에 출발한다면 3시간 전에는 도착하는 것이 여유롭다.

출국 수속

❶ 탑승 수속

항공사, 여행사에서 구매한 전자 티켓만으로 비행기에 탑승할 수 없다. 해당 항공사 카운터(인천국제공항 3층 A~M카운터)에서 탑승 수속(Check-in)을 통해 짐을 보내고(Baggage Claim), 탑승권(Boarding Pass)을 받아야 한다. 액체류는 기내에 반입할 수 없고, 보조 배터리 등은 수하물로 보낼 수 없는 등 수하물 규정에 맞추어서 여행 가방을 준비해야 한다.

❷ 보안 검색 및 출국 심사

체크인 수속을 마치면 출국 심사를 하면 된다. 네이버 모바일에서 '인천국제공항'을 검색하면 A~D까지 4개의 출국장에 몇 명의 대기 인원이 있는지 실시간으로 안내해 준다. 대부분 체크인 카운터에서 가까운 쪽을 이용하는 것이 편하지만, 대기 인원수가 많다면 다른 출국장을 이용해도 문제되지 않는다. 보안 검색대에서 기내 수하물과 소지품 검사 후에 하는 출국 심사를 기다리는 것이 귀찮다면, 자동출국 심사를 신청해 두면 다음 여행 때부터는 편안하게 심사를 마칠 수 있다.

*자동출입국 심사(SeS) 안내 www.ses.go.kr

❸ 면세 구역

인터넷 면세점 또는 시내 면세점을 이용했다면 인도장에서 받아야 한다. 이용하는 항공편에 따라 인도장의 위치가 달라지는데 여객 터미널에서 탑승동으로 셔틀 트레인을 타고 이동하면, 다시 여객 터미널로 돌아올 수 없기 때문에 주의해야 한다. 면세 구역 내에서는 면세점 및 라운지 등을 이용할 수 있으며, 김치, 소주 등의 구입도 가능하다.

❹ 비행기 탑승

면세 구역에 있는 게이트에서 비행기 탑승을 하며, 비행기 출발 20~30분 전부터 탑승을 시작한다.

✈ 신치토세 공항 입국

홋카이도의 관문인 삿포로 신치토세 공항은 연간 국내선 1,800만 명, 국제선 150만 명으로 일본에서 네 번째로 이용객이 많은 공항이다. 신치토세-도쿄 하네다 노선은 단일 노선으로는 일본에서 가장 많은 항공편이 취항하고 있으며, 서울-제주 노선과 함께 세계적으로도 손꼽히는 인기 노선이다. 공항은 국제선 터미널과 국내선 터미널로 구분돼 있으며, 터미널 간 이동은 도보 또는 무빙워크로 할 수 있다. 국제선 도착(국제선 터미널 2층) 후 대부분

시내로 이동하기 위해 2층 연결 통로를 지나 JR 열차 역이 있는 국내선 터미널 1층으로 이동하는데, 2층 연결 통로는 볼거리가 적지만 3층 연결 통로는 로이즈 초콜릿 월드, 도라에몽 파크, 헬로키티 해피 플라이트 등 재미있는 상점들과 볼거리가 많으니 참고하자.

신치토세 공항 부대시설

일본에는 여행, 출장을 다녀오면 주변 지인들에게 주는 소소한 선물인 오미야게お土産를 주는 문화가 있다. 특히 홋카이도는 일본인들도 쉽게 가기 어려운 곳이라 특별하게 생각하기 때문에 홋카이도를 방문하면 오미야게를 많이 산다. 신치토세 공항에는 일본의 공항 중 가장 많은 오미야게 매장이 있고, 홋카이도의 인기 맛집들의 체인점들도 많이 입점해 있다. 일본의 공항 중 신치토세 공항만큼 여행객을 위한 시설을 많이 갖추고 있는 곳이 없으니 귀국하는 날 시내에서의 시간이 애매하다면, 공항에 조금 더 일찍 이동해서 시간을 보내는 것도 좋다.

✈ 로이즈 초콜릿 월드 Royce' Chocolate World

위치 신치토세 공항 터미널 3층 스마일로드 **시간** 8:00~20:00(뮤지엄 숍), 8:30~17:30(팩토리), 9:00~20:00(베이커리) **전화** 0120-612-453

홋카이도를 대표하는 초콜릿 로이즈에서 만든 초콜릿 세상. 유리창 너머로 초콜릿이 제조되는 과정을 견학할 수 있고, 초콜릿을 테마로 한 뮤지엄도 마련돼 있다. 공항 한정 아이템과 로이즈 초콜릿이 듬뿍 들어간 베이커리도 맛볼 수 있다. 단, 기본적인 아이템은 면세 구역에서 구입하자.

✈ 도라에몽 와쿠와쿠 스카이 파크
ドラえもん わくわくスカイパーク

위치 신치토세 공항 터미널 3층 스마일로드 **시간** 10:00~18:00(파크 존, 입장 마감 17:30), 10:00~18:30(숍), 10:00~18:00(카페, 주문 마감 17:00), 10:00~18:00(워크숍, 접수 마감 17:00) **요금 (파크 존)** 800엔(성인), 500엔(중학생, 고등학생), 400엔(초등학생 이하), 2세 이하 무료 **전화** 0123-46-3355

인기 만화 & 애니메이션 도라에몽의 테마파크로, 키즈 존과 도서관, 카페, 체험 공간, 숍 그리고 미니 게임을 즐기고 도라에몽을 직접 만나볼 수 있는 유료 구역, 파크 존으로 구성돼 있다. 귀여움 가득한 도라에몽 캐릭터 상품도 구입하고 카페에서는 도라에몽 캐릭터로 된 붕어빵과 팬케이크 등을 즐길 수 있다.

✈ 헬로키티 해피 플라이트
ハローキティ ハッピーフライト

위치 신치토세 공항 터미널 3층 스마일로드 **시간** 10:00~18:00(숍 10:00~18:30) **요금 (유료 존)** 800엔(중학생 이상), 400엔(초등학생 이하), 2세 이하 무료 **전화** 0123-21-8115

헬로키티가 항공 승무원이 되어 전 세계에 있는 캐릭터 친구들을 만나러 간다는 깜찍한 콘셉트의 엔터테인먼트 시설이다. 유료 존은 각 나라를 테마로 한 공간으로 꾸며져 있으며, 헬로키티가 그려진 카레와 음료를 즐길 수 있는 카페와 한정 상품을 구입할 수 있는 숍, 아이들을 위한 놀이 공간인 해피 플라이트 파크는 입장료 없이 이용할 수 있다.

✈ 홋카이도 라멘 도조 北海道ラーメン道場

위치 신치토세 공항 국내선 터미널 3층 **시간** 9:00~21:00(매장마다 조금씩 다름)

홋카이도에서 유명한 10개의 라멘 가게가 모여 있는
곳이다. 홋카이도 각지를 대표하는 쇼유(간장) 라멘,
미소(된장) 라멘, 시오(소금) 라멘을 모두 만나 볼 수 있
어, 일정 중에 미처 방문하지 못한 먼 지역의 인기 라
멘도 이곳에서 맛볼 수 있다. 입구에 있는 라멘 그릇으
로 채워진 홋카이도 지도가 인상적이다.

✈ 신치토세 공항 온천 新千歳空港温泉

위치 신치토세 공항 국내선 터미널 4층 **시간** 10:00~다음 날 9:00 **요금** 1,500엔(중학생 이상), 800엔(초등
학생), 600엔(3세 이상 유아) *목욕비, 유카타, 타올, 입욕세 포함 / 2,300엔~(보디 케어) **홈페이지** www.new-
chitose-airport-onsen.com **전화** 0123-46-4126

여행 기간의 피로를 말끔히 풀어 줄 온천 시설로, 실내
대욕장과 개방감이 크지 않지만 노천탕도 갖추고 있
다. 온천욕으로 피로가 풀어지지 않는다면 마사지나
보디 케어를 받아 보자. 20분짜리 짧은 코스부터 다
양한 서비스가 마련돼 있다. 또 휴게 공간과 디저트나
식사를 할 수 있는 레스토랑도 있어 충분한 휴식을 취
할 수 있다.

📷 공항으로 가기 전 아웃렛 쇼핑

✈ 치토세 아웃렛 몰 레라 千歳アウトレットモール・レラ [치토세 아우렛토 모-루 레라]

주소 千歳市柏台南 1 丁目 2 - 1 **위치** ❶ JR 미나미치토세(南千歳)역에서 도보 3분 ❷ 신치토세 공항에서 무
료 셔틀버스 10분 **시간** 10:00~20:00(일부 음식점은 11시부터) **휴무** 연중무휴 **홈페이지** www.outlet-rera.
com/kr **전화** 0123-42-3000

치토세 아웃렛 몰 레라는 신치토세 공항 가까
이에 위치해 있고, 무료 셔틀버스가 30분 간
격으로 운행하고 있어 공항에서 10분이면 갈
수 있다. 패션, 스포츠, 잡화, 인테리어 등 폭
넓은 쇼핑 카테고리를 갖추고 있으며, 400여
개의 브랜드가 있다. 쇼핑 이외에도 다양한 이
벤트가 개최되는 엔터테인먼트 아웃이다.
오전 10시부터 영업을 시작하니 귀국 편 항공

시간이 이르다면 첫날 공항 도착 후 시내로 이
동하기 전에 방문하는 것이 좋다.

Hokkaido
여행 회화

❀ 기본 표현

안녕하세요. (아침 인사)	おはよう ございます。 오하요-고자이마스
안녕하세요. (점심 인사)	こんにちは。 콘니찌와
안녕하세요. (저녁 인사)	こんばんは。 콤방와
감사합니다.	ありがとう ございます。 아리가또-고자이마스
미안합니다.	すみません。 스미마센
괜찮아요.	だいじょうぶです。 다이조-부데스
부탁합니다.	おねがいします。 오네가이시마스
실례합니다.	しつれいします。 시쯔레-시마스
저기요.	すみません。 스미마셍
네.	はい。 하이
아니요.	いいえ。 이-에
좋아요.	いいです。 이-데스
뭐예요?	なんですか。 난데스까
어디예요?	どこですか。 도꼬데스까

얼마예요?	いくらですか。이꾸라데스까
잘 모르겠어요.	よく わかりません。요꾸 와까리마셍
일본어를 못해요.	にほんごが できません。니홍고가 데끼마셍
영어로 부탁합니다.	えいごで おねがいします。에-고데오네가이시마스
천천히 말씀해 주세요.	ゆっくり はなして ください。 윳꾸리 하나시떼 쿠다사이
다시 한 번 부탁드립니다.	もう いちど おねがいします。 모- 이찌도 오네가이시마스
써 주세요.	かいて ください。카이떼 쿠다사이
저는 한국 사람입니다.	わたしは かんこくじんです。 와따시와 캉꼬꾸진데스

숫자

1	2	3	4	5	6	7	8	9	10
いち	に	さん	し	ご	ろく	しち	はち	きゅう	じゅう
이치	니	산	시	고	로쿠	시치	하치	큐-	주

돈

1엔	いちえん	치엔	100엔	ひゃくえん	햐쿠엔
5엔	ごえん	고엔	500엔	ごひゃくえん	고햐쿠엔
10엔	じゅうえん	주-엔	1,000엔	せんえん	센엔
50엔	ごじゅうえん	고주-엔	5,000엔	ごせんえん	고센엔
10,000엔	いちまんえん	이치만엔			

✿ 공항에서

방문 목적이 무엇입니까?	にゅうこくの もくてきは なんですか? 뉴-꼬꾸노 모꾸떼끼와 난데스까
관광입니다.	かんこうです。 칸꼬-데스
어느 정도 체류합니까?	どのくらい たいざいしますか? 도노쿠라이 타이자이시마스까
일주일입니다.	いっしゅうかんです。 잇슈-칸데스

- **일주일** いっしゅうかん 잇슈-칸
- **이틀** ふつか 후쯔까
- **3일** みっか 밋까
- **4일** よっか 욧까

짐이 나오지 않았어요.	にもつが でてこなかったんです。 니모쯔가 데떼코나캇탄데스
제 짐은 두 개입니다.	わたしの にもつは ふたつです。 와따시노 니모쯔와 후따쯔데스

- **한 개** ひとつ 히또쯔
- **두 개** ふたつ 후따쯔
- **세 개** みっつ 밋쯔

신고할 물건 없습니까?	しんこくする ものは ありませんか? 신꼬꾸스루 모노와 아리마셍까
없습니다.	ありません。 아리마셍

✿ 교통

버스 정류장은 어디인가요?	バスのりばは どこですか? 바스노리바와 도꼬데스까
어디로 가야 하나요?	どこに いきますか? 도꼬니 이키마스까

오타루 운하가 어디에 있나요?	小樽運河がどこにありますか？ 오타루운가가 도코니 아리마스카
이쪽입니다.	こちらです。 고찌라데스
• **이쪽** こちら 고찌라 　• **저쪽** あちら 아찌라 　• **그쪽** そちら 소찌라	
표는 어디에서 삽니까?	きっぷは どこで かいますか？ 킵뿌와 도꼬데 카이마스까
요금은 얼마입니까?	りょうきんは いくらですか？ 료-킹와 이꾸라데스까
지하철은 어디서 탑니까?	地下鉄はどこで乗りますか？ 치카테츠와 도꼬데 노리마스까
몇 시에 출발합니까?	なんじ しゅっぱつですか？ 난지 슛빠쯔데스까
이거 삿포로역에 가나요?	これは札幌駅に行くんですか？ 고레와 삿포로에키니 이쿤데스까
어디서 갈아탑니까?	どこで のりかえますか？ 도꼬데 노리카에마스까
걸어서 갈 수 있습니까?	あるいて いけますか？ 아루이떼 이케마스까

❀ 호텔에서

체크인 부탁드립니다.	チェックイン おねがいします。 첵꾸인 오네가이시마스
예약했는데요.	よやくしたんですが。 요야꾸시딴데스가
방에 열쇠를 두고 나왔어요.	へやに かぎを おきわすれました。 헤야니 카기오 오키와스레마시타

415호실입니다.	415ごうしつです。 욘이치고 고-시쯔데스
체크아웃은 몇 시까지입니까?	チェックアウトは なんじまでですか? 첵꾸아우또와 난지마데데스까
와이파이 되나요?	Wi-Fi できますか? 와이화이 데끼마스까
비밀번호 알려 주세요.	パスワードを おしえて ください。 파스와-도오 오시에떼 쿠다사이
편의점은 어디에 있나요?	コンビには どこに ありますか? 콤비니와 도꼬니 아리마스까

✿ 쇼핑

이것은 무엇입니까?	これは なんですか? 코레와 난데스까
저것 좀 보여 주세요.	あれ'みせて ください。 아레 미세떼 쿠다사이
옷을 입어 봐도 될까요?	きて みても いいですか? 키떼 미떼모 이-데스까
커요.	おおきいです。 오-키-데스
작아요.	ちいさいです。 치-사이데스
얼마입니까?	いくらですか? 이꾸라데스까
비싸요.	たかいです。 타까이데스
싸게 해 주세요.	やすく して ください。 야스꾸 시떼 쿠다사이
좀 더 둘러보고 올게요.	もう すこし みてくる。 모-스코시 미떼쿠루
영수증 주세요.	レシート ください。 레시-또 쿠다사이

❀ 음식

여기요(직원을 부를 때).	すみません。 스미마셍
주문 받아 주세요.	ちゅうもん おねがいします。 츄-몬 오네가이시마스
추천 요리는 무엇입니까?	おすすめ りょうりは なんですか? 오스스메 료- 리와 난데스까
잘 먹겠습니다.	いただきます。 이따다키마스
잘 먹었습니다.	ごちそうさまでした。 고찌소-사마데시타
맛있어요.	おいしいです。 오이시-데스
메뉴판을 다시 보여 주세요.	メニューを もういちど みせて ください。 메뉴오 모- 이찌도 미세떼 쿠다사이
생맥주 500CC 두 잔.	なまビール 中ジョッキで 2はい。 나마비-루 츄-좃끼데 니하이
한 잔 더 주세요.	もう いっぱい おねがいします。 모- 잇빠이 오네가이시마스
물 좀 주세요.	みず ください。 미즈 쿠다사이
커피 주세요.	コーヒー ください。 코-히- 쿠다사이
• **냉수** おみず 오미즈 　• **주스** ジュース 쥬-스 　• **맥주** ビール 비-루	
개인용 접시 하나 주세요.	とりざら ひとつ ください。 도리자라 히또쯔 쿠다사이

❀ 관광(기타 표현)

사진을 좀 찍어 주시겠어요?	しゃしんを とって くれますか? 샤신오 톳떼 쿠레마스까
여기서 사진을 찍어도 돼요?	ここで しゃしんを とっても いいですか? 코꼬데 샤신오 톳떼모 이-데스까
얼마나 기다려야 해요?	どれぐらい まちますか? 도레구라이 마찌마스까
몇 시부터 문을 열어요?	なんじから オープンですか? 난지까라 오-푼데스까
몇 시에 문을 닫아요?	なんじに おわりますか? 난지니 오와리마스까
출구는 어디예요?	でぐちは どこですか。 데구찌와 도꼬데스까
화장실은 어디인가요?	トイレはどこですか? 토이레와도코데스카

홋카이도
지하철 노선도

하코다테 노면 전차

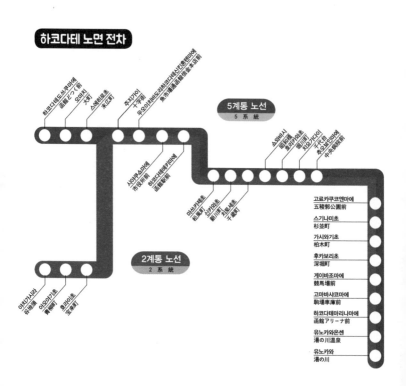

하코다테도쇼코마에
函館どつく前

오마치
大町

스에히로초
末広町

주지가이
十字街

우오이치바도리
魚市場通

하코다테도리시엔혼텐마에
函館通宝山本店前

5계통 노선
5 系統

쇼와시
昭和橋

쓰라기초
堀川町

후카가이초
深川町

구타쿠
区役所

주오뵤인마에
中央病院前

시야쿠소마에
市役所前

하코다테에키마에
函館駅前

마쓰카제초
松風町

신카와초
新川町

지토세초
千歳町

2계통 노선
2 系統

아치가시라
谷地頭

아오야기초
青柳町

호라이초
宝来町

고료카쿠코엔마에
五稜郭公園前

스기나미초
杉並町

가시와기초
柏木町

후카보리초
深堀町

게이바조마에
競馬場前

고마바샤코마에
駒場車庫前

하코다테마리나마에
函館アリーナ前

유노카와온센
湯の川温泉

유노카와
湯の川

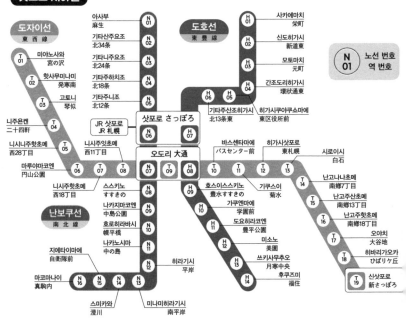

삿포로 지하철

도자이선 東西線

T 01	미야노사와 宮の沢
T 02	핫사무미나미 発寒南
T 03	고토니 琴似
T 04	니주욘켄 二十四軒
T 05	니시니주핫초메 西28丁目
T 06	마루야마코엔 円山公園
T 07 T 08	니시주잇초메 西11丁目

난보쿠선 南北線

N 01	아사부 麻生
N 02	기타산주요조 北34条
N 03	기타니주요조 北24条
N 04	기타주하치조 北18条
N 05	기타주니조 北12条

JR 삿포로 JR 札幌

| N 06 | H 07 | 삿포로 さっぽろ |

| T 07 N 07 T 08 N 09 H 08 | 오도리 大通 |

N 08	스스키노 すすきの
N 09	나카지마코엔 中島公園
N 10	호로히라바시 幌平橋
N 11	나카노시마 中の島
N 12	히라기시 平岸
N 16 N 15 N 14 N 13	
마코마나이 真駒内	스미카와 澄川	미나미히라기시 南平岸
지에타이마에 自衛隊前	

도호선 東豊線

H 01	사카에마치 栄町
H 02	신도히가시 新道東
H 03	모토마치 元町
H 06 H 05 H 04	간조도리히가시 環状通東
	기타주산조히가시 北13条東	히가시쿠야쿠쇼마에 東区役所前
H 09	호스이스스키노 豊水すすきの
H 10	가쿠엔마에 学前
H 11	도요히라코엔 豊平公園
H 12	미소노 美園
H 13	쓰키사무추오 月寒中央
H 14	후쿠즈미 福住

T 09	바스센타마에 バスセンター前
T 10	기쿠스이 菊水
T 11	히가시삿포로 東札幌
T 12	시로이시 白石
T 13	
T 14	난고나나초메 南郷7丁目
T 15	난고주산초메 南郷13丁目
T 16	난고주핫초메 南郷18丁目
T 17	오야치 大谷地
T 18	히바리가오카 ひばりケ丘
T 19	신삿포로 新さっぽろ

| N 01 | 노선 번호 역 번호 |

삿포로 노면 전차

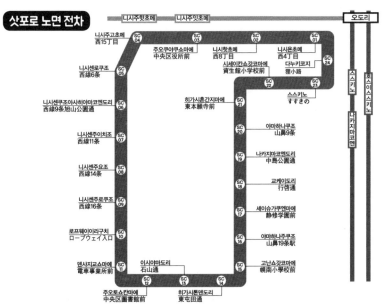

니시주핫초메　니시주잇초메　오도리

SC 04	니시주고초메 西15丁目
SC 03	주오쿠야쿠쇼마에 中央区役所前
SC 02	니시핫초메 西8丁目
SC 01	니시욘초메 西4丁目
SC 24	시세이칸쇼갓코마에 資生館小学校前 다누키코지 狸小路
SC 05	니시센로쿠조 西線6条
SC 06	니시센쿠조아사히야마코엔도리 西線9条旭山公園通
SC 07	니시센주이치조 西線11条
SC 08	니시센주요조 西線14条
SC 09	니시센주로쿠조 西線16条
SC 10	로프웨이이리구치 ロープウェイ入口
SC 11	덴샤지교쇼마에 電車事業所前
SC 12	주오토쇼칸마에 中央区圖書館前
SC 13	이시야마도리 石山通
SC 14	히가시톤덴도리 東屯田通
SC 15	고난쇼갓코마에 幌南小學校前
SC 16	야마하나주쿠조 山鼻19条駅
SC 17	세이슈가쿠엔마에 静修学園前
SC 18	교케이도리 行啓通
SC 19	나카지마코엔도리 中島公園通
SC 20	야마하나쿠조 山鼻9条
SC 21	히가시혼간지마에 東本願寺前
SC 22	
SC 23	스스키노 すすきの

스스키노　니시오스스키노